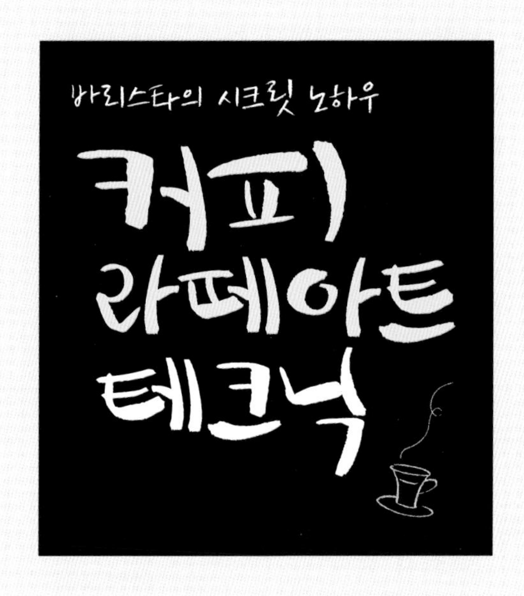

박지만 · 김자경 공저

예신Books

머리말

0.15그램의 커피 한 톨과 우유가 만나 사랑이 되어 전달되는 라떼아트(Latte Art)!

라떼아트는 단순히 에스프레소와 우유만을 제공하는 것이 아니라 커피와 우유 거품을 이용하여 그림이나 문양 등을 그려 넣는 것을 말한다. 커피의 추출과 동시에 벨벳밀크를 만들어 최상의 맛과 창조성, 예술성을 표현하는 데 요구되는 숙련된 바리스타 기술로, 시각뿐만 아니라 미각, 청각, 후각 등을 모두 일깨워주는 작업이라 할 수 있다.

10년 전 커피를 처음 접할 때만 해도 카푸치노, 카페라떼, 카페 마키아토라는 이름조차 생소하게 느껴졌고 라떼아트를 만들고 싶었지만 만들어지는 방법도 알 수 없었다. 더구나 라떼아트가 그려지는 원리를 알고 배우고 연습하는 것이 아니라 무작정 무한 반복으로 익히는 것이 전부였다. 그러므로 이 책은 라떼아트의 예술적 요소와 기술적인 방법을 자세히 알려주는 데 그 의의가 있다.

라떼아트는 고객에게 시각적인 즐거움뿐만이 아니라 바리스타의 핸들링을 통해 최상의 서비스를 제공하고, 경쟁력 있는 카페가 되기 위한 중요한 요소라 할 수 있다.

이 책은 라떼아트를 연습할 때 붓는 방법에 있어 우유 손실을 고려하지 않고 무한 반복으로 연습하는 오류를 범하지 않도록 하기 위해 세부적인 내용을 일러스트와 사진으로 현실감 있게 소개하고 있다. 라떼아트의 대표적 기법인 하트와 나뭇잎의 원리를 일러스트로 하나하나 짚어가며 에스프레소와 우유 교반에서 오는 차이와 예술적 요소를 표현하였다.

처음부터 라떼아트의 화려함보다는 교과서적인 기본서로 충실하고자 하는 마음으로 작업하였으므로 빠른 시간 내에 기본적인 라떼아트가 만들어지도록 하는 것이 이 책의 목적이다. 또한 물로 스팀의 공기 흐름을 파악하여 우유 스팀에 대한 실수를 최대한 줄이고 실전에 빨리 대응할 수 있도록 이론에 중점을 두어 구성하였다.

현장 경험과 대회 유경험자인 저자들이 학교에서 학생들과 일반인들을 가르치며 이해하기 어려워했던 부분들을 선별하여 중점적으로 다루었으므로 부디 라떼아트 원리를 이해하고 다양한 작품을 창조하는 데 도움이 되길 바란다.

저자 일동

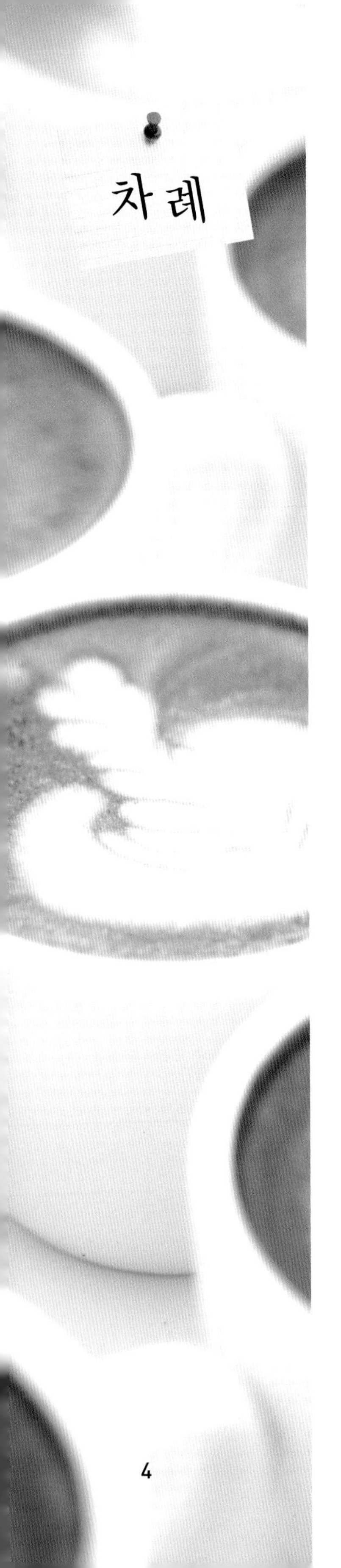

Part 1

라떼아트의 시작

Part 2

우유 스티밍 및 라떼아트 생성원리

Part 3

원리로 알아보는 하트와 로제타 만들기

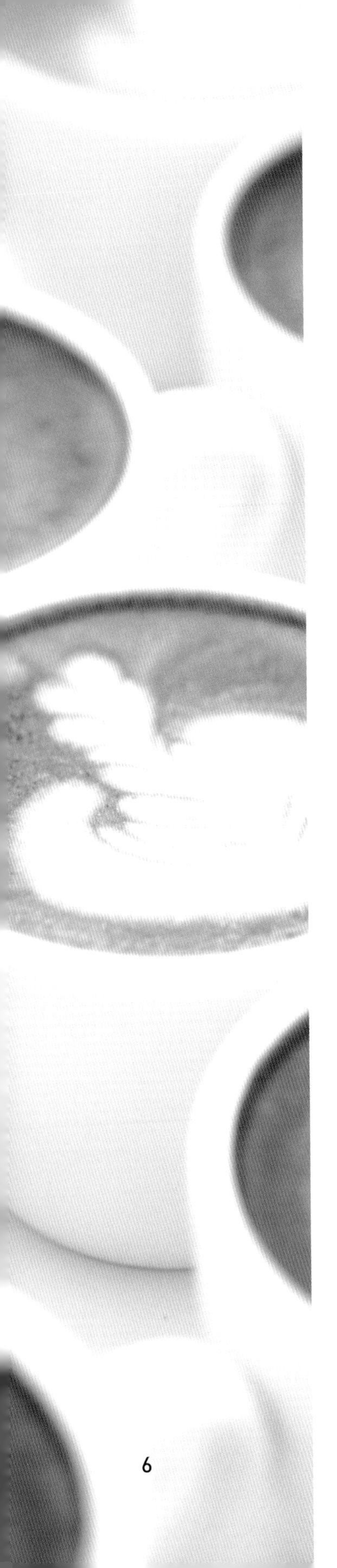

Part 4

라떼아트 만들기

Part 5

부 록

Part 01
라떼아트의 시작

1. 라떼아트의 목적

라떼(latte)는 우유를 의미하며, 라떼아트는 에스프레소의 생명인 크레마에 스티밍된 우유와 우유 거품(벨벳밀크)을 이용하여 그림이나 문양, 글씨 등을 넣어 아트(art)적 요소를 넣은 것을 말한다.

라떼아트는 맛있는 커피의 추출과 동시에, 우유의 온도와 형태를 만들어 최상의 맛과 창조성, 예술성이 요구되고 숙련된 바리스타의 기술을 요하는 작업이다. 그러므로 미각뿐 아니라 시각, 청각, 후각 등을 모두 일깨워 주는 작업이라 할 수 있다.

단순히 에스프레소에 섞인 우유만을 제공하는 것이 아니라 바리스타의 예술적인 감각을 제공함으로써 고객에 대한 만족도뿐만 아니라 감동으로 이어지는 서비스이다. 또한 바리스타의 핸들링을 통해 라떼아트를 만들어 고객에게 최상의 즐거움을 주는 것은 카페에서 경쟁력을 갖출 수 있는 중요한 요소라 할 수 있다. 라떼아트, 카푸치노 아트, 커피 디자인 등으로 불리고 있다.

라떼아트를 할 때는 우유가 벨벳밀크로 변해가는 우유의 스티밍 단계의 성분 변화를 이해하고, 에스프레소 크레마와 최상의 벨벳밀크를 만들기 위해 커피 머신과 함께 사용하는 다양한 기구들을 잘 다루어야 한다. 또한 바리스타로서의 기술을 발전시켜야 하며, 예술 작품과도 같은 라떼아트를 연구하여 다양한 작품을 창조할 수 있도록 노력해야 한다.

2. 라떼아트의 두 가지 분류

■ 라떼식 라떼아트(붓는 양에 의한 방식)

- **원리** : 라떼아트가 그려질 때 바리스타의 손목의 움직임보다는 우유의 붓는 양과 우유 거품으로 그려지는 방식이다.
- **장점** : 처음 배우는 사람들도 쉽게 그림을 그릴 수 있으며, 점차적으로 숙련도가 증가하면서 다양한 그림(하트, 튤립 등)을 그릴 수 있다.
  240ml(8oz) 이상의 커피잔에 라떼아트를 만들 때 많이 사용하며 이때 우유를 붓는 방법은 처음부터 벨벳밀크를 많이 채워주면 잔의 중간 부분부터 크레마와 벨벳밀크가 섞이면서 모양이 나타난다.
- **단점** : 완성된 라떼아트의 우유 거품의 양이 적을 수 있고 완성된 음료의 온도가 낮을 수 있다. 우유 거품의 양이 조금 많을 경우 라떼아트가 잘 그려지지 않고, 잔 표면의 크레마가 깨져 있어서 그림의 모양이 선명하지 못하다.

■ 카푸치노식 라떼아트(핸들링+붓는 양)

- **원리** : 바리스타의 손목의 움직임과 스팀피처의 위치, 붓는 각도의 핸들링, 우유의 붓는 양이 중요하게 작용한다.
- **장점** : 우유 거품이 풍부한 카푸치노를 만들 수 있다. (잔에 따라 다르지만 1.5cm 이상의 거품 두께를 지닌다.) 잔에 나타나는 그림의 모양이 선명하다.
- **단점** : 라떼아트를 처음 배우는 사람들에게는 원하는 모양이 쉽게 나오지 않고 그림이 뭉쳐서 나오는 경향이 있다.

라떼식 라떼아트

카푸치노식 라떼아트

3. 에스프레소

에스프레소(espresso)는 '빠르다(express)' 라는 뜻을 지니고 있다.

● 즉석 추출(On the spur of the moment)

즉석에서 커피를 추출하는 방법이다. 추출과 서비스가 신속히 이루어지며 에스프레소는 추출 즉시 마셔야 고유의 맛과 향을 상실하지 않는다.

● 가압 추출(Under pressure)

약 8~10기압의 고온 고압의 물줄기가 커피 가루를 통과하여 추출하는 방법이다. 수용성 성분 및 지용성 성분까지 추출되어 중력 여과 방식 커피에 비해 진한 맛을 나타낸다.

● 신속한 추출(In a short time)

그라인더에서 원두가 분쇄된 후 원두가 가지고 있는 향과 맛이 사라지기 전 포타필터(potafilter)에 담아 빠르게 추출하는 방법이다.

최근에는 원하는 맛에 따라 추출 시간과 투입량 등 다양한 방법으로 추출하고 있다. 추출 시간이 길어지면 과다 추출이 일어나며, 추출 시간이 짧으면 과소 추출이 발생한다.

■ 에스프레소의 맛을 결정하는 4가지 조건

이탈리아 어로 시작되는 첫 글자를 따서 '4M' 이라 한다.

● 블랜딩(Miscela)

다양한 커피를 혼합하는 공정을 말한다. 이것은 에스프레소의 맛을 결정하는 중요한 요소이다.

● 그라인더(Macinadosatori)

분쇄 원두 입자의 굵기와 원두 투입량에 따라 맛의 변화가 일어난다.

● 커피 기계(Macchina)

수동 커피 머신에서부터 전자동 커피 머신까지 다양한 커피 머신이 있으며, 기술의 발전으로 추출 온도가 안정되고 일정한 커피 머신으로 발전하고 있다.

● 바리스타의 손(Mano)

'Mano' 는 이탈리어 어로 손이라는 뜻으로 바리스타의 능력을 의미한다.

■ 에스프레소의 기준

- 투입량 : 7g±1
- 추출 압력 : 9bar±1
- 추출 온도 : 92±5
- 추출량 : 30mL±5
- 추출 시간 : 25초±5

■ 추출이 잘 된 크레마란

크레마는 에스프레소 추출 시 상부에 있는 크림을 말한다. 일반적으로 3~4mm 정도의 크레마가 있는 에스프레소를 가장 이상적인 에스프레소라 할 수 있다.

커피의 향이 크레마 층에 많이 포함되어 있기 때문에 보다 풍부하고 강한 커피향을 느낄 수 있으며, 커피가 빨리 식는 것을 막아준다.

- 색상(color) : brown with reddish
  yellow-brown-reddish-darkbrown-dark
- 밀도(consistency) : 데미타세 잔 기울이기
- 지속력(persistence) : 3분 이상
- 복원력(recovery) : 스푼으로 밀어주기
- 두께(thickness) : 3mm - 샷 글라스
- 문양(pattern) : 타이거벨트(tigerbelt)
- 채도(chroma) : 맑고 섬세한 느낌의 크레마

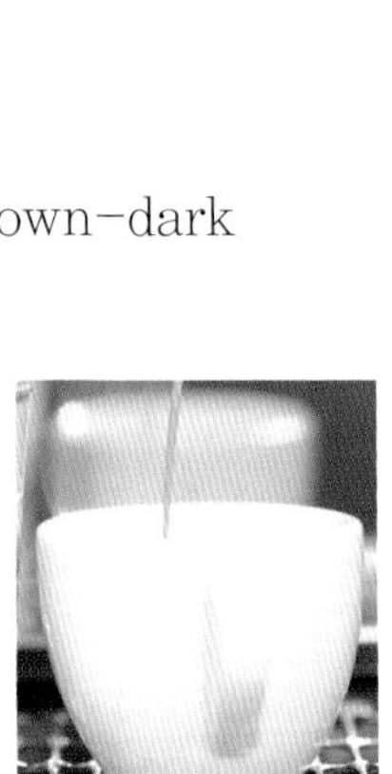

데미타세 잔　　샷 글라스

■ 추출 조건에 따른 크레마의 차이

크레마는 원두가 가지고 있는 가스의 양(로스팅 후 가스가 원두에서 빠져나가는 정도), 커피의 양, 분쇄 정도, 탬핑, 투입된 물의 양, 온도, 추출 시간, 추출 압력, 블랜딩, 로스팅에 따라 차이가 있을 수 있다.

그러므로 원두의 특성을 이해하고 추출하는 방법을 배워야 한다.

■ 원두의 보관 상태

로스팅 후 외부 공기, 빛, 온도, 습기 등의 영향으로 원두의 산패가 진행되므로 밀폐된 용기나 봉투를 사용하여 냉암소에 보관한다.

4. 라떼아트에 적합한 에스프레소란?

라떼아트하기에 적합한 커피 원두는 안정된 크레마를 가지고 있어야 한다.

로스팅한 지 얼마 안된 커피 원두는 가스 성분이 많이 추출되어 크레마 거품의 안정성이 떨어지며, 로스팅한 지 오래된 원두는 크레마의 색상 및 거품의 두께가 안정되지 못하고 약하다.

그래서 로스팅 후 포장이 잘된 원두 중에서 원두 내부의 가스가 충분히 배출되어 가스 성분이 안정화된 원두를 사용하는 것이 좋다.

5. 에스프레소 추출 순서

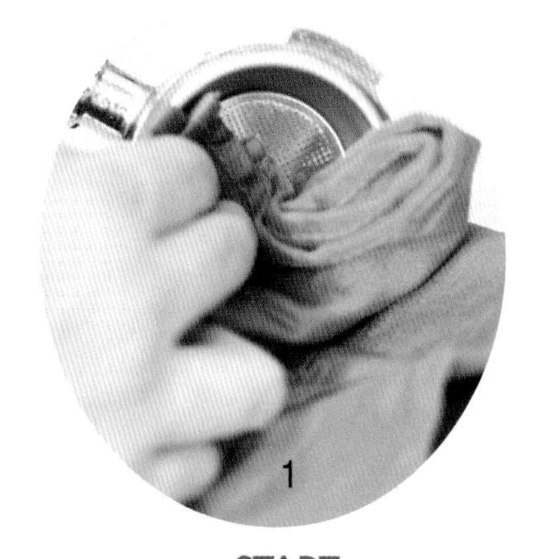

START

1. 포타필터의 건조 및 청결을 위해 린넨이나 깨끗한 행주로 포타필터 및 필터바스켓 내부를 청소한다.
2. 포타필터를 신속하게 청소한 후 포타필터 받침대에 수평을 맞추어 올려 놓는다.
3. 그라인더 레버를 당겨서 포타필터에 분쇄된 원두를 담는다. (분쇄 원두의 양이 너무 많으면 흘려 내리므로 주의한다.)
4. 필터바스켓 안에 있는 원두를 수평으로 평평하게 만든 후 포타필터 가장자리 부분을 깨끗하게 손으로 청소한다.
5. 탬퍼를 사용하여 포타필터에 담겨진 원두를 수평으로 다져준다. 이때 탬퍼의 균형을 정확하게 맞추는 것이 중요하다.(탬핑)
6. 수평으로 원두를 다진 후 탬퍼의 손잡이 부분을 활용하여 필터바스켓 가장자리에 묻어있는 원두를 떨어낸다.(태핑)

7. 태핑 후 포타필터 내부의 균열이 발생할 수 있으므로 다시 한 번 탬퍼로 다져주는 동작을 시행한다. (바리스타의 작업 방법에 따라 한 번의 탬핑으로 동작을 마무리하는 경우도 있다.)
8. 추출 버튼을 눌러서 디스퍼젼스크린에 남아있는 원두 찌꺼기가 제거되면서 보일러 내부의 물의 온도와 그룹헤드 내부의 물의 온도의 편차가 최소화된다.
9. 부드럽고 신속하고 충격 없이 그룹헤드에 포타필터를 장착한다. (커피 머신을 기준으로 정면을 12시 방향으로 기준을 정하고 포타필터를 7~8시 방향으로 아래에서 그룹헤드 방향으로 장착시키면 충격을 최소화할 수 있다.)
10. 포타필터 장착과 동시에 신속하게 추출 버튼을 작동시켜 빠르게 커피잔에 추출되는 커피를 받는다.

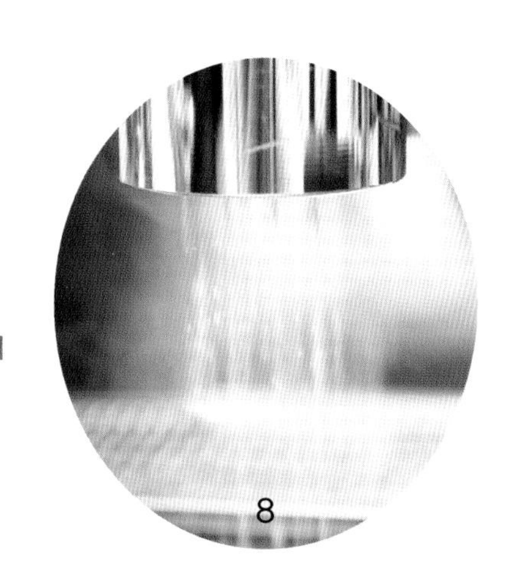

point

원두 수평 작업

포타필터 안의 분쇄된 원두를 받은 후 포타필터의 표면을 수평으로 맞추는 작업이다.

이때 필터바스켓 크기에 맞게 알맞은 양의 분쇄 원두를 받아서 손 또는 도구를 활용하여 수평을 맞추는 과정이다. (손으로 하는 경우 손의 위생에 주의하고, 협회에 따라 시험 시 감점 요소로 작용한다.)

1

2

3

4

5

6

7

8

point 원두 다지는 작업

포타필터 내부의 필터바스켓에 담겨진 분쇄 원두를 수평으로 다져주는 작업이다. 이때 탬퍼로 누르는 힘도 중요하지만 포타필터에 담겨진 분쇄 원두를 수평으로 맞추는 것도 중요하다. 포타필터 추출 부분이 바닥에 닿을 경우 꼭 바닥이 깨끗한 곳에서 작업한다.

*바리스타에 따라서 포타필터에 맞게 탬퍼를 제작하여 1회 탬핑으로 원두 다지는 작업을 마무리하는 경우도 있다.

1

2

3

4

5

6

7

8

point 추출 동작

추출은 원두를 다져주는 동작을 마친 후 그룹헤드에 포타필터를 장착하는 동작이다. 이때 먼저 추출 버튼을 눌러 충분히 추출 후 물줄기가 떨어지지 않을 때 부드럽게 포타필터를 그룹헤드에 장착하여야 한다.

만약 충격이 가해지는 경우에는 필터바스켓 내부에 균열이 발생하여 불완전 추출이 일어날 수 있다.

커피 머신마다 차이가 있겠지만 대부분의 커피 머신의 경우 7~8시 방향에 그룹헤드 내부에 포타필터를 장착할 수 있도록 홈이 나 있다.

point 정리 동작

커피 추출 후 포타필터 안에 남아있는 커피 찌꺼기를 신속하게 분리 및 청소를 시행해야 한다.

포타필터 내부에 원두 찌꺼기가 남아 있는 경우 남아 있는 커피 찌꺼기의 여러 가지 커피 성분이 커피 머신의 열로 인해 산패가 일어날 수 있으며 필터바스켓 내부에 기름때가 있을 수 있다.

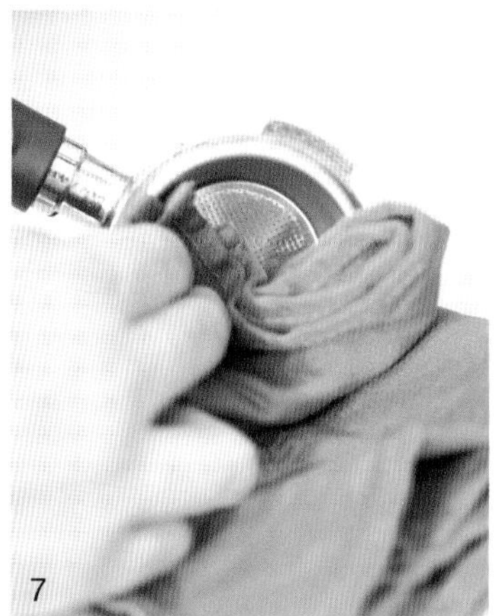

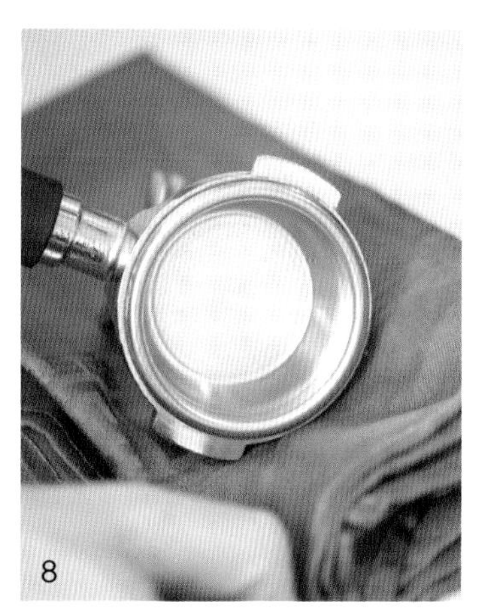

Part 02

우유 스티밍 및 라떼아트 생성원리

1. 라떼아트와 우유

라떼아트를 만들 때 가장 좋은 우유는 신선하고 차가운 우유이다. 신선한 우유의 유지방은 커피의 맛을 부드럽게 만들어 주며, 지방과 단백질을 함유하고 있다. 또한 차가운 우유는 우유의 다른 성분들을 조밀하게 결합시켜 외부의 공기를 막아주는 역할을 하므로 우유는 차갑게 냉장 보관을 해야 한다.

라떼아트를 만들기 위한 가장 적합한 온도는 55~65℃이다. 이 온도에서 벨벳밀크의 표면이 가장 잘 유지되며 우유 유당의 단맛이 커피의 향과 우유의 고소한 향을 잘 보존시켜 준다.

70℃ 이상으로 우유의 온도를 올릴 경우 우유의 단백질(β-lacto globulin)이 파괴되어 우유의 향은 나지 않고 커피의 향과 조화롭게 어우러지지 않는다. 따라서 우유의 온도는 라떼아트의 중요한 요소이다.

또한 제조사에 따라 질감은 물론 맛의 차이도 현저하게 다르므로 유의해야 한다.

■ 우유의 거품

거품에 관여하는 성분은 유단백, 유지방이다.

- 우유 온도가 높으면, 거품의 크기가 작고 그 수가 많아진다.
- 우유 온도가 낮으면, 거품의 크기가 크고 그 수가 낮아진다.

*** 우유 온도를 잘 조절하면 거품의 수명을 늘릴 수 있다.**

■ 우유 성분에 의한 분류

- 살균 방법에 따른 분류 : 고온처리방법, 저온처리방법
- 지방 함유에 따른 분류 : 저지방 , 고지방 , 무지방
- 기능성 성분 첨가에 따른 분류 : 칼슘 첨가, 유당 제거, DHA 첨가

2. 라떼아트 준비

■ 커피 머신과 스팀봉의 구조

라떼아트에서 중요한 요소 중에 하나가 커피 머신이며, 커피 머신에 따라서 벨벳밀크의 품질이 좌우되기도 한다.

① 커피 머신

- 커피 머신 내부의 보일러 스팀의 온도와 압력이 일정하게 유지되어야 한다.
- 보일러의 온도가 너무 높은 경우에는 수증기의 온도가 너무 높아 우유의 온도가 빨리 상승해서 스팀 분사 시간이 짧아진다. 즉 우유의 온도가 급격하게 상승하면서 거품과 우유를 교반할 수 있는 시간이 짧아져 좋은 거품을 만들기 어려워진다.

② 라떼아트에 적합한 커피 머신의 구조

- 커피 머신 보일러의 압력과 온도가 일정해야 한다.
- 스팀 분사가 일정하게 되어야 한다.
- 커피 머신 스팀봉 팁의 분사 각도는 일반적인 머신의 경우 45° 정도가 적합하다.

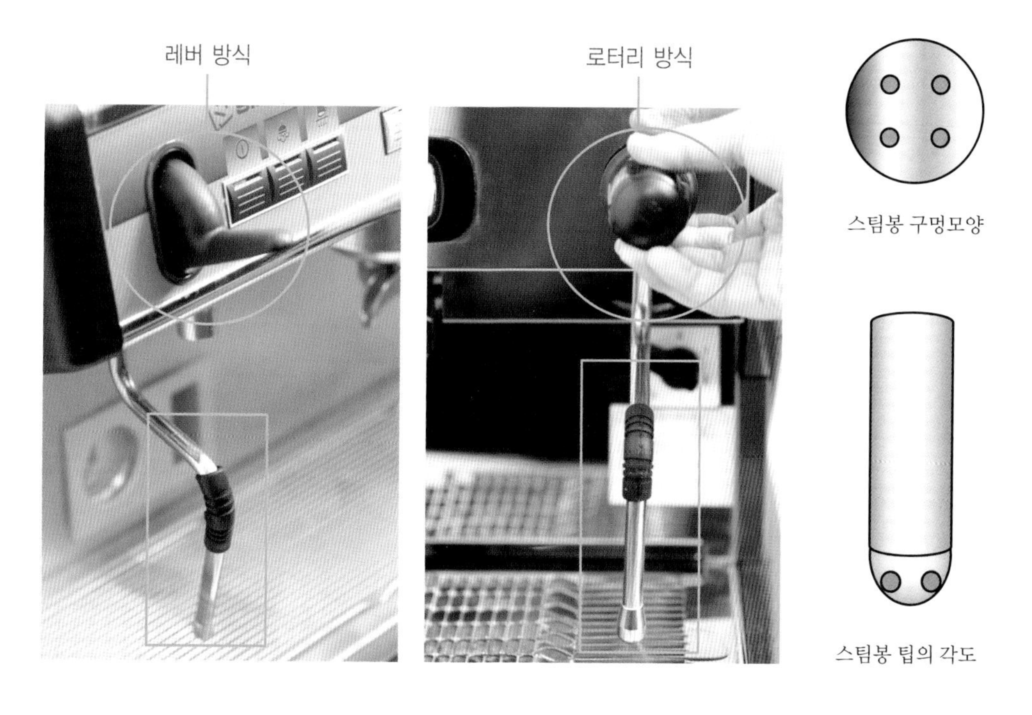

■ 라떼아트에 사용하는 잔

라떼아트에 사용하는 잔의 온도는 뜨겁게 유지되어야 한다. 잔의 온도가 충분히 높지 않을 때는 크레마의 색상과 스팀 우유의 온도가 낮아져 맛과 시각적으로 영향을 준다.

* 잔의 용량을 측정하여 스팀피처의 크기를 구분한다.

  ㉧ 240mL의 잔=최소 300mL 스팀피처 사용

* 우유를 스티밍할 경우 우유 거품으로 인한 부피 증가량(foamed milk 거품 우유)과 우유 스티밍(stemed milk 데운 우유) 후 우유 거품과 우유의 교반에 따른 스팀피처의 공간이 필요하다.

* 일반적인 우유량 계산법

  잔 크기(240mL) 중 에스프레소 양 20~30mL를 뺀 양

  240−20=220mL

  총필요량 240×2잔=480mL

8oz

12oz

16oz

■ 라떼아트에 적합한 스팀피처

라떼아트에 적합한 벨벳밀크를 만들기 위해서 가장 필요한 도구 중 하나가 스팀피처이다.

1. 벨벳밀크를 만들기 위해서는 스팀피처 내부에서의 회전이 필요한데 회전을 최대한 만들어 줄 수 있는 스팀피처의 모양은 아랫부분이 넓고 윗부분으로 갈수록 좁아지는 구조이다.
2. 스팀피처의 끝 부분은 가늘고 뾰족한 모양이 좋고 중간 부분은 외부로 약간 나와 있는 모양이 좋다. 이러한 이유는 액상화된 우유 거품을 제어하기 편리하며 부어주는 양과 속도 조절에 편리하다.
3. 스팀피처의 재질은 스테인레스 재질이 적합하고, 너무 무겁거나 두껍지 않은 것이 좋다. 너무 무겁거나 두꺼우면 바리스타가 우유 온도를 감지하기 어렵기 때문이다.
4. 스팀피처의 크기는 0.15L, 0.35L, 0.6 L, 1L, 1.5L 등 아래의 사진과 같이 다양하다.

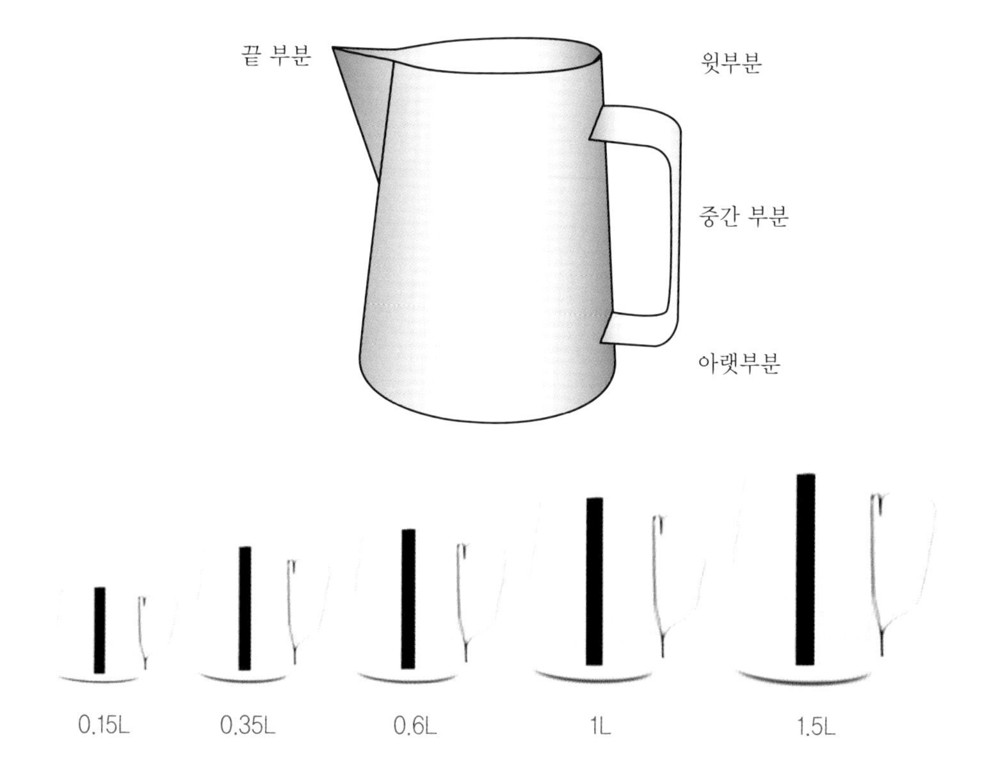

■ **우유와 스팀피처의 위생**

① 우유 : • 우유는 냉장 보관을 해야 한다.
• 한번 가열한 우유는 재사용하지 않는다.
• 우유 개봉 후 빠른 시간 안에 사용해야 한다.

② 스팀피처 : • 스팀피처는 항상 차갑고 깨끗하게 보관해야 한다.
• 한번 사용한 스팀피처는 재사용하지 않는다.

* 스팀행주 : ㉮ 하절기에는 30분에 한 번씩 스팀행주 교체, 동절기에는 60분에 한 번씩 스팀행주 교체 (스팀행주는 열을 받아서 균이 발생하기 쉽다.)

3. 스팀피처 잡는 요령(파지법)

파지법은 라떼아트를 하기 위해서 가장 기본이 되는 동작이다. 스팀피처를 잡는 방법은 다양하다. 가장 중요한 점은 스팀피처를 자연스럽고 부드럽게 좌우로 움직일 수 있어야 한다.

▶ 다양한 파지법

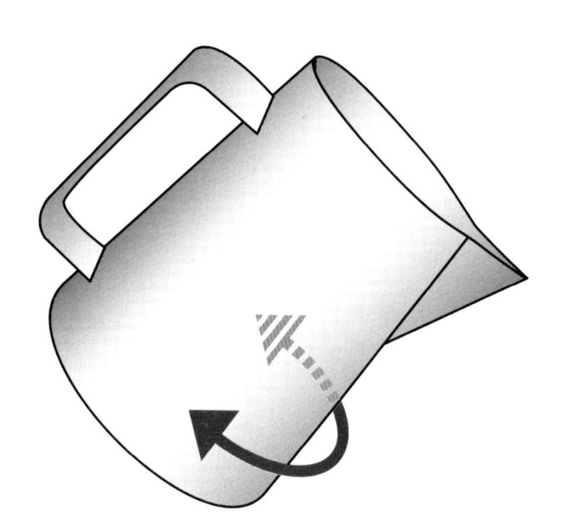

스팀피처를 좌우로 흔들어준다.

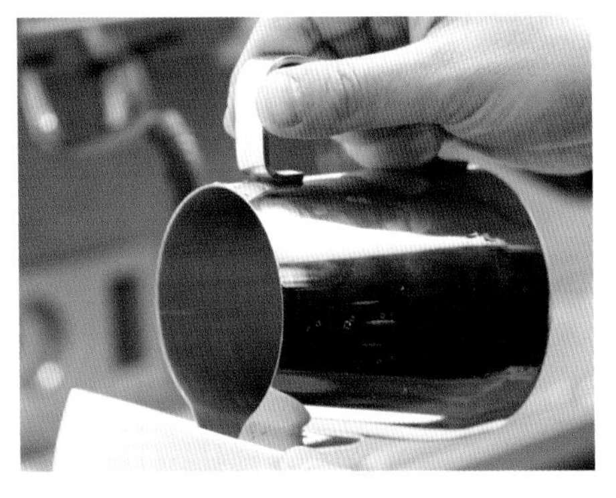

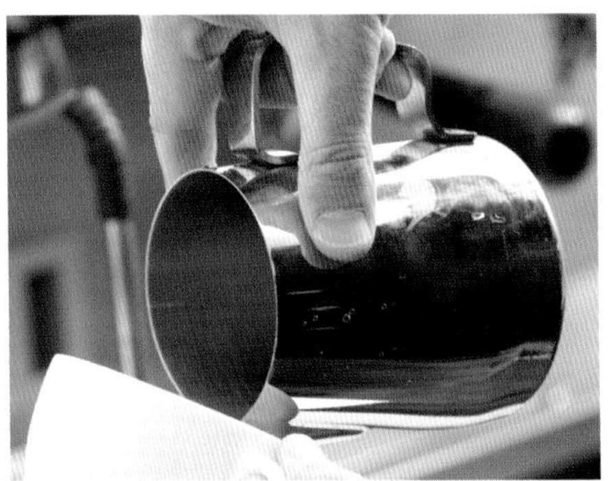

point 다양한 스팀피처 잡는 방법

바리스타의 개성에 따라 다양한 방법으로 스팀피처의 잡는다. 중요한 것은 스팀피처를 핸들링할 때 벨벳밀크를 일정하게 붓는 것이 중요하다.

안정된 붓기(pouring)에 유리하며 손 동작(handing)이 일정하다.

자유롭게 붓기(free pouring)에 유리하며 손 동작 (handing)이 부드럽다.

point 다양한 컵 잡는 방법

라떼아트 잔은 고객이 마시는 식기이다. 바리스타는 고객의 입장에서 항상 청결해야 하며, 고객이 마시는 부분에 바리스타의 손이 닿지 않도록 주의해야 한다.

- **시작** : ⓐ,ⓓ (라떼아트 시작 단계) 잔은 최대한 기울여서 시작하며, 잔을 기울이는 이유는 크레마와 스팀피처의 끝 부분을 최대한 가깝게 하면서 벨벳밀크를 붓기 위함이다.
- **중간** : ⓑ,ⓔ (라떼아트 중간 단계) 크레마와 벨벳밀크가 안정화되어서 라떼아트의 그림이 나타나기 시작한다. 컵을 너무 기울이는 경우 그림이 겹쳐질 수 있다.
- **마무리** : ⓒ,ⓕ (라떼아트 마무리 단계) 라떼아트의 마무리가 되는 단계이며 빠르게 세워 주면서 마무리한다.

잔 하단 잡기 : 잔의 아래 부분을 잡는 방법이다. 월계수와 같이 잔을 자유롭게 움직이면서 붓기(free pouring)에 사용

손잡이 잡기 : 잔의 손잡이를 잡는 방법이다. 하트, 나뭇잎과 같이 잔을 고정해서 붓기(pouring)에 사용

4. 테크니컬

■ 스티밍 초기 단계

보일러 안에서 연결되어 있는 연결관 내부에 물이 있을 수 있으므로 스팀밸브 스위치를 오픈해서 스팀봉 안의 수증기와 물을 충분히 분출한다.

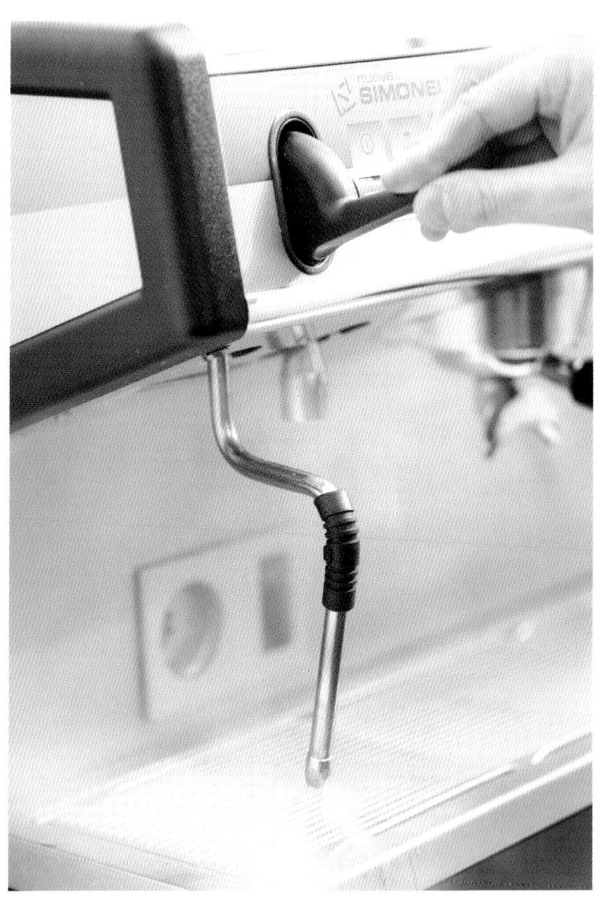

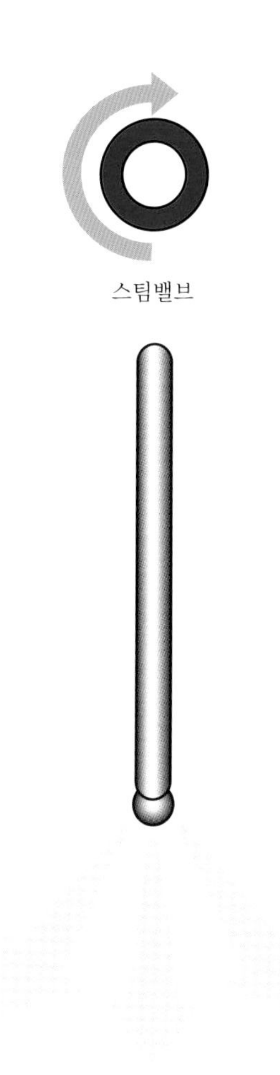

스팀봉에서 스팀이 방출되고 있다.

■ 우유 거품 만들기 (연습 part 1)

❶ 스팀레버를 오픈해서 스팀봉 안의 수증기와 물을 충분히 분출한다.

• 스팀봉 안에 물이 있을 경우 우유의 고소한 맛이 떨어지게 된다.

❷ 스팀봉 끝 부분 스팀 팁을 우유 표면에서 0.5cm 아래로 넣은 후 스팀피처의 중간 또는 스팀피처 가장자리로 이동한다.

❸ 한 손으로는 스팀피처를 잡고 한 손은 스팀레버를 돌려주면서 거품내기를 시작한다.

• 이때 스팀피처를 잡은 손은 움직이지 않도록 한다.

* 커피 머신 스팀봉의 상태에 따라 스티밍 위치가 변경될 수 있다.

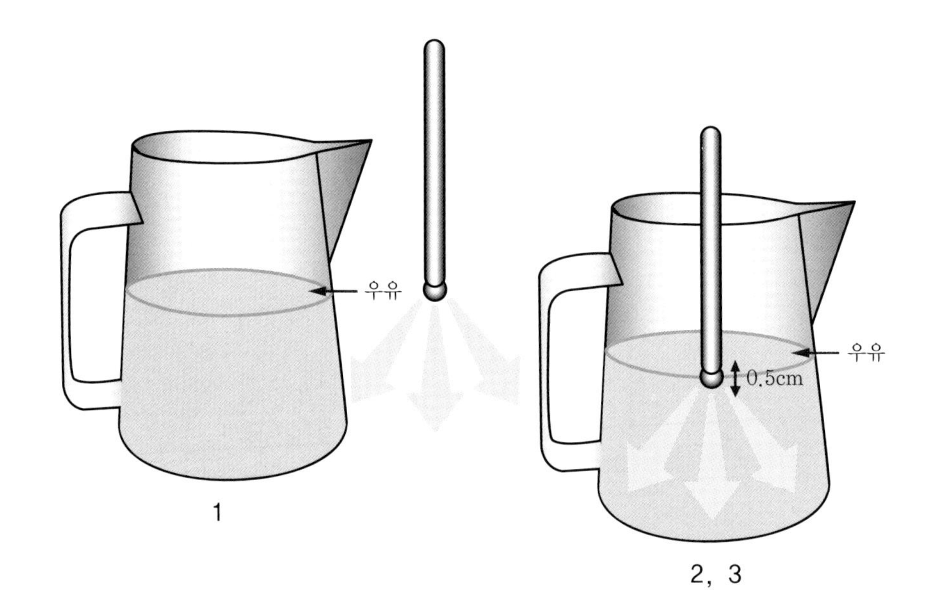

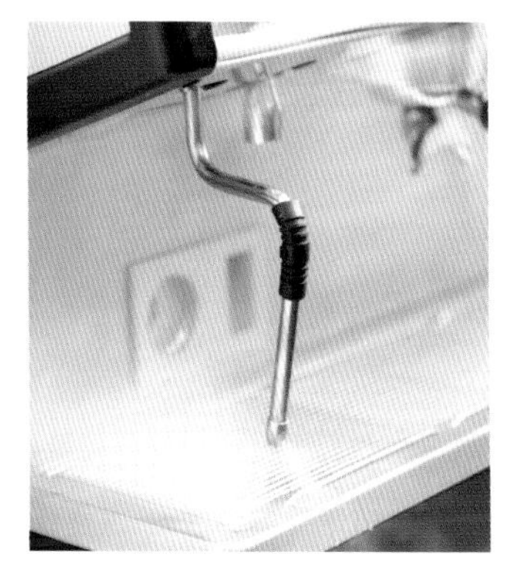

■ 우유 거품 만들기 (연습 part 2)

① 스팀레버를 오픈해서 우유 거품을 생성한다. 1차 우유 거품의 소요 시간은 3초~5초이다.

② 우유 거품 생성 중에는 1~2회 정도 치이익, 치이익 소리가 나야 한다.

③ 스팀피처 안에서 우유 거품을 생성 중일 때는 스팀 팁 끝 부분의 위치를 항상 주의해야 한다.

④ 이때 스팀피처는 아래로 내리거나 올리지 말고 현 위치를 유지한다.

⑤ 스팀피처 안에 거품이 생성되면 거품의 양을 확인한다.

우유 거품 만들기 (준비)

■ 우유 거품 만들기 (연습 part 3)

① 스팀봉 끝 부분 0.5cm 정도를 우유에 넣고 스팀피처는 고정시킨 후 바로 스팀을 분사한다.

② 스팀피처 잡은 손은 움직이지 않도록 고정시켜야 한다. 스팀피처가 움직이는 경우 큰 거품이 발생할 수 있다.

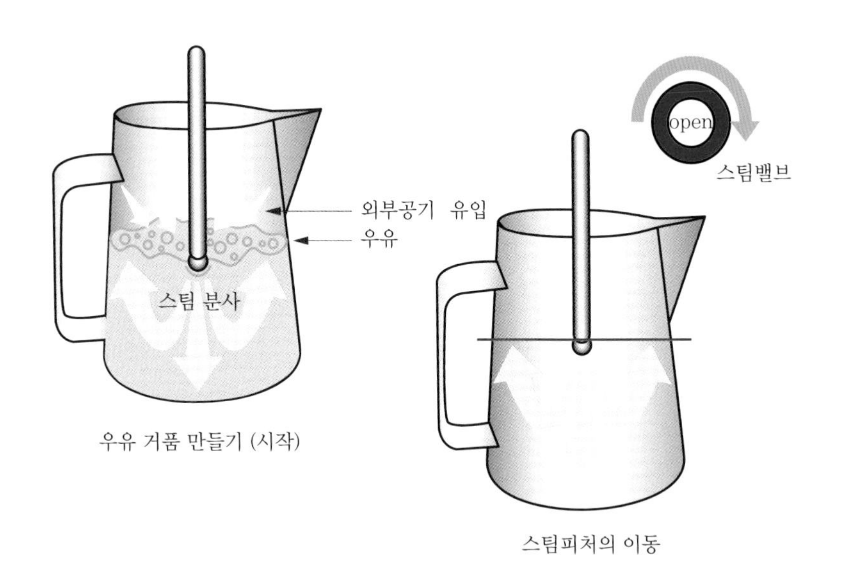

우유 거품 만들기 (시작)

스팀피처의 이동

■ 라떼아트 연습

라떼아트를 처음 배우는 사람에게 가장 중요한 것은 우유 거품을 내는 방법이다. 물로 공기 주입 방법 및 스팀피처 내부의 회전에 대해 충분히 숙지한 후 우유로 연습하는 것이 좋다.

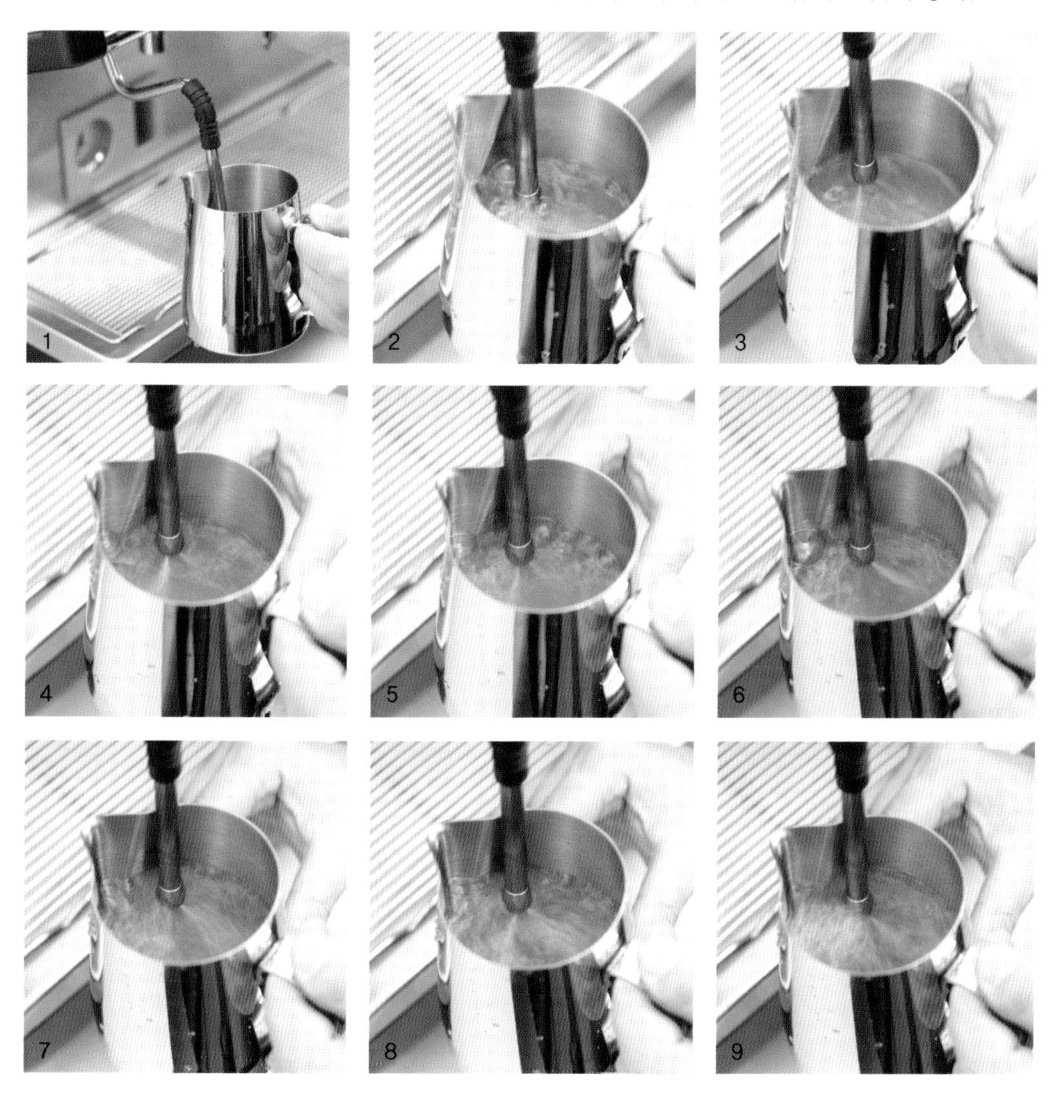

1. 스팀피처 안에 스팀봉을 넣어준다. (시작 전에 충분히 스팀봉 안의 수증기를 분사해 주고 스팀의 끝 부분의 위치를 확인한다.)
2. 스팀레버를 오픈했을 때 물 표면에서 거품이 생성되는 모양과 소리에 유의한다.
3. 물의 온도를 감지하면서 스팀봉의 위치를 좌우로 움직여 본다. (내부의 회전의 변화를 이해할 수 있다.)

4~9. 온도의 변화를 감지하면서 공기 주입 및 회전을 이해하며, 손으로 스팀피처 상부의 온도를 감지하면서 마무리한다. 이때 스팀봉의 끝 부분인 스팀 팁이 물 밖으로 나와서는 안된다.

point 우유 스티밍 단계별 변화

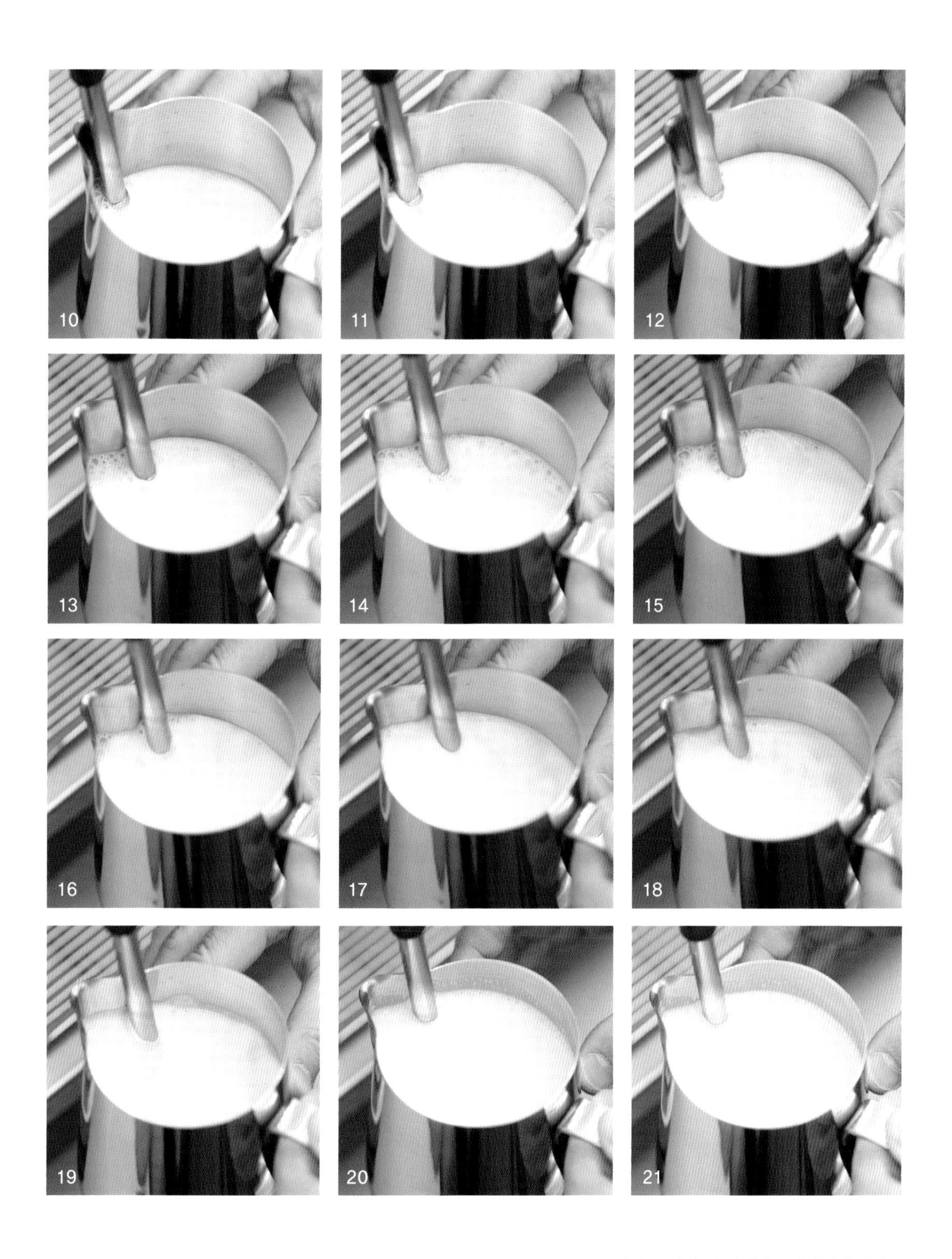
10
11
12
13
14
15
16
17
18
19
20
21

■ 우유 거품 만들기 (연습 part 4)

❶ 우유 거품 생성 중에는 1~2회 정도 치이익, 치이익 소리가 나야 한다.

❷ 스팀피처는 아래로 내리거나 올리지 말고 현 위치를 유지한다.

❸ 스팀피처 안에 거품이 생성되는 거품 양을 항상 확인한다.

❹ 스팀피처는 거품이 생성된 만큼 아래로 이동한다.

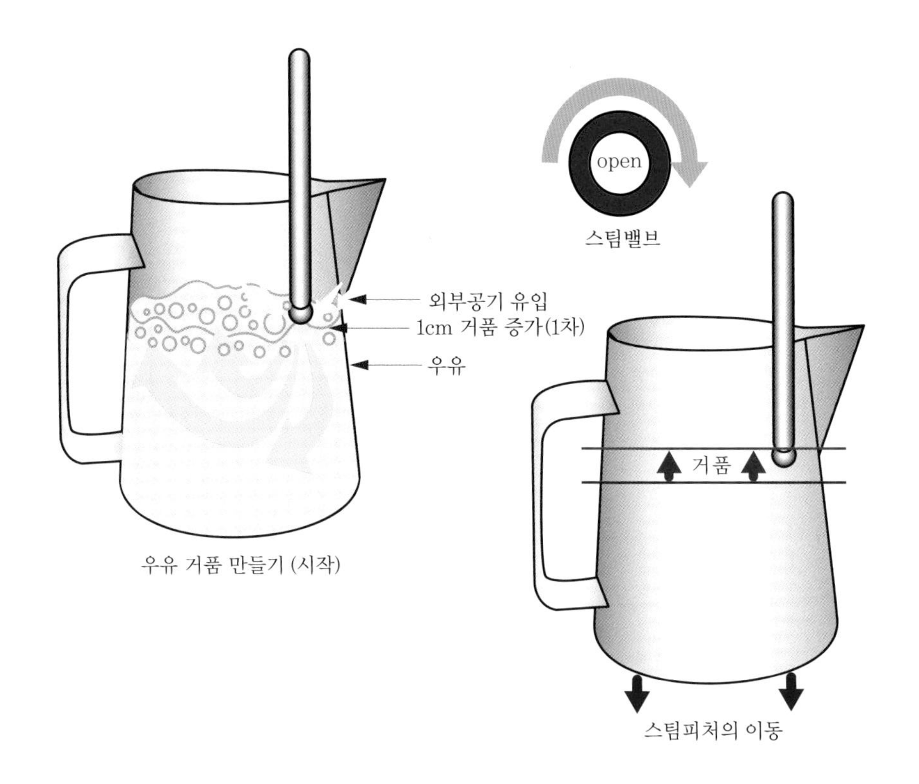

■ 우유 거품 만들기 (연습 part 5)

① 1차 우유 거품 생성 후 2차 우유 거품을 생성한다. 소요 시간은 3~5초이다.

② 우유 거품 생성 중에는 1~2회 정도 치이익, 치이익 소리가 나야 한다.

③ 이때 스팀피처를 아래로 내린다.

④ 스팀피처 안에 거품이 생성되면 거품의 양을 확인한다.

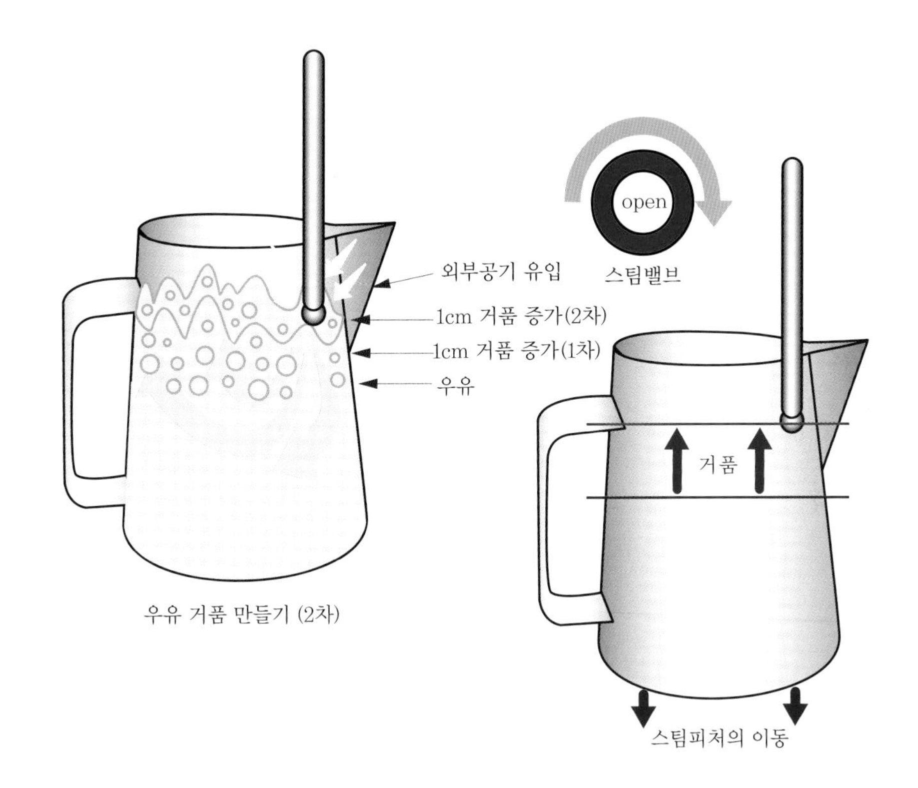

우유 거품 만들기 (2차)

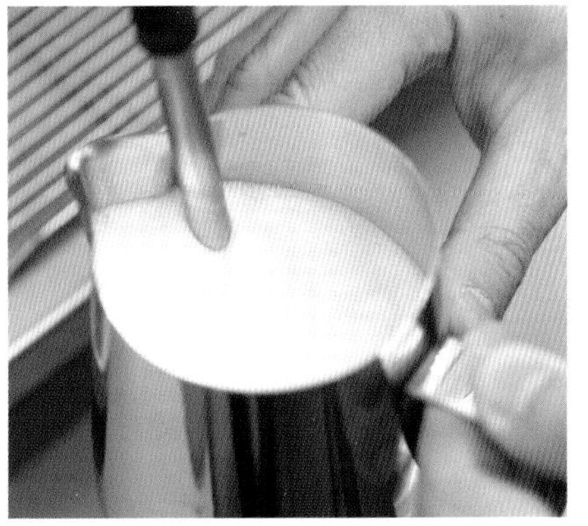

■ 우유 거품 만들기 (연습 part 6)

❶ 우유 거품 섞는 과정을 교반이라 한다. 처음 우유 표면의 시작점에서 2~3cm 거품이 생성되었을 때 스팀봉을 빠르게 스팀피처의 벽면으로 이동하면서 스팀피처 안의 우유와 거품을 부드럽게 회전시킨다.

❷ 우유 거품의 교반 소요 시간은 10~20초이다.

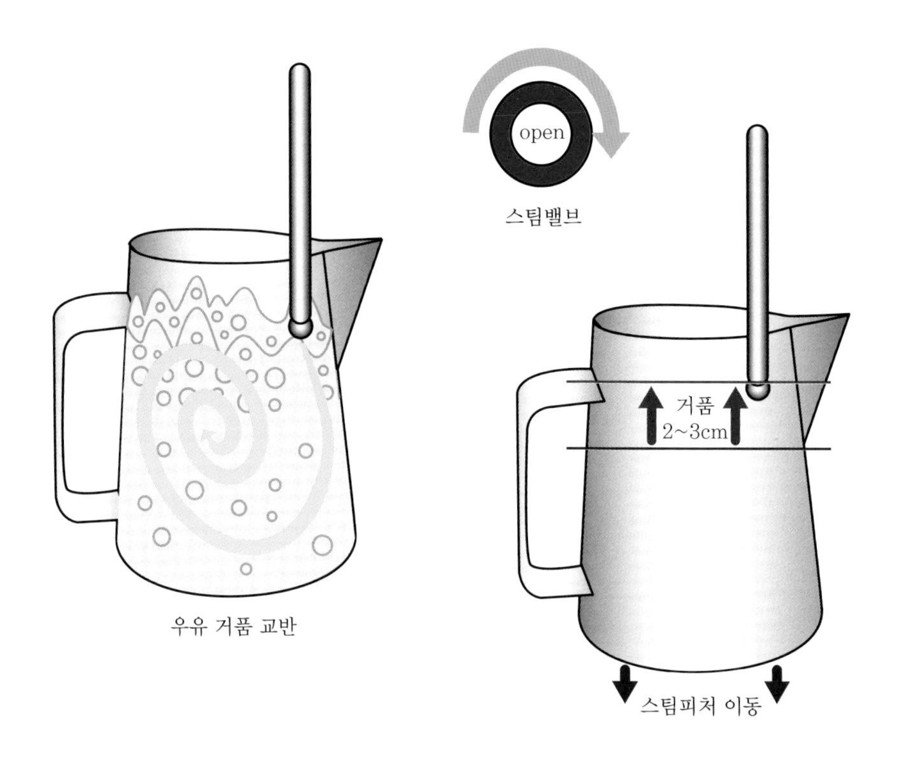

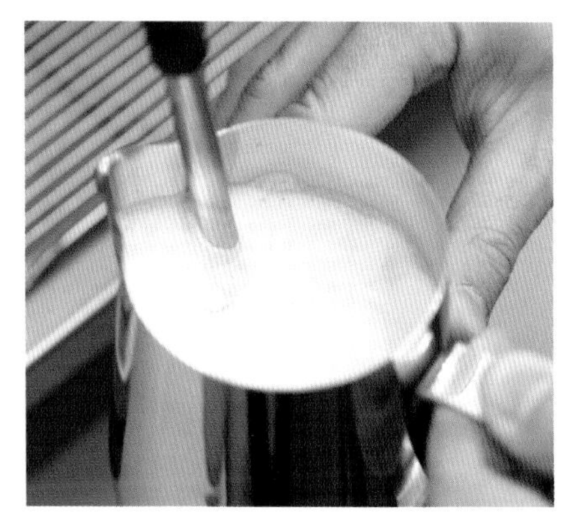

■ 우유 거품 정지 및 스팀레버 잠금

❶ 우유의 온도가 상승하면 (55~65℃) 스팀피처의 상단 부분 온도를 (스팀피처 내부에서 보이는 우유 거품 상단 부분) 측정한 후 우유 거품 교반을 정지하면서 스팀레버를 정지시킨다. (총 소요 시간 20~30초, 스팀피처 0.6L)

❷ 스팀피처의 크기와 커피 머신 상태에 따라 우유 거품을 만드는 시간에 다소 차이가 날 수 있다.

❸ 스팀봉 안에 있는 수증기를 분출시키면서 역류된 우유가 있을 수 있으므로 깨끗한 행주로 스팀봉을 닦아 위생에 신경쓴다.

우유 거품 정지

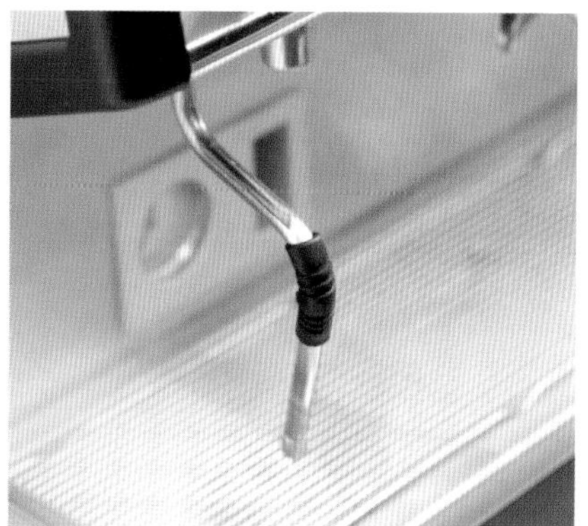

■ 스팀피처 교반 단계

스팀피처를 바닥에 내려놓은 상태에서 빠르게 좌우 원을 그리며 돌려주면서 우유 거품과 우유가 분리되지 않도록 한다.

* 라떼아트를 시작하기 전까지는 우유와 거품이 분리되지 않도록 반드시 교반시켜야 한다.

스팀피처 내부에서 우유 거품 교반

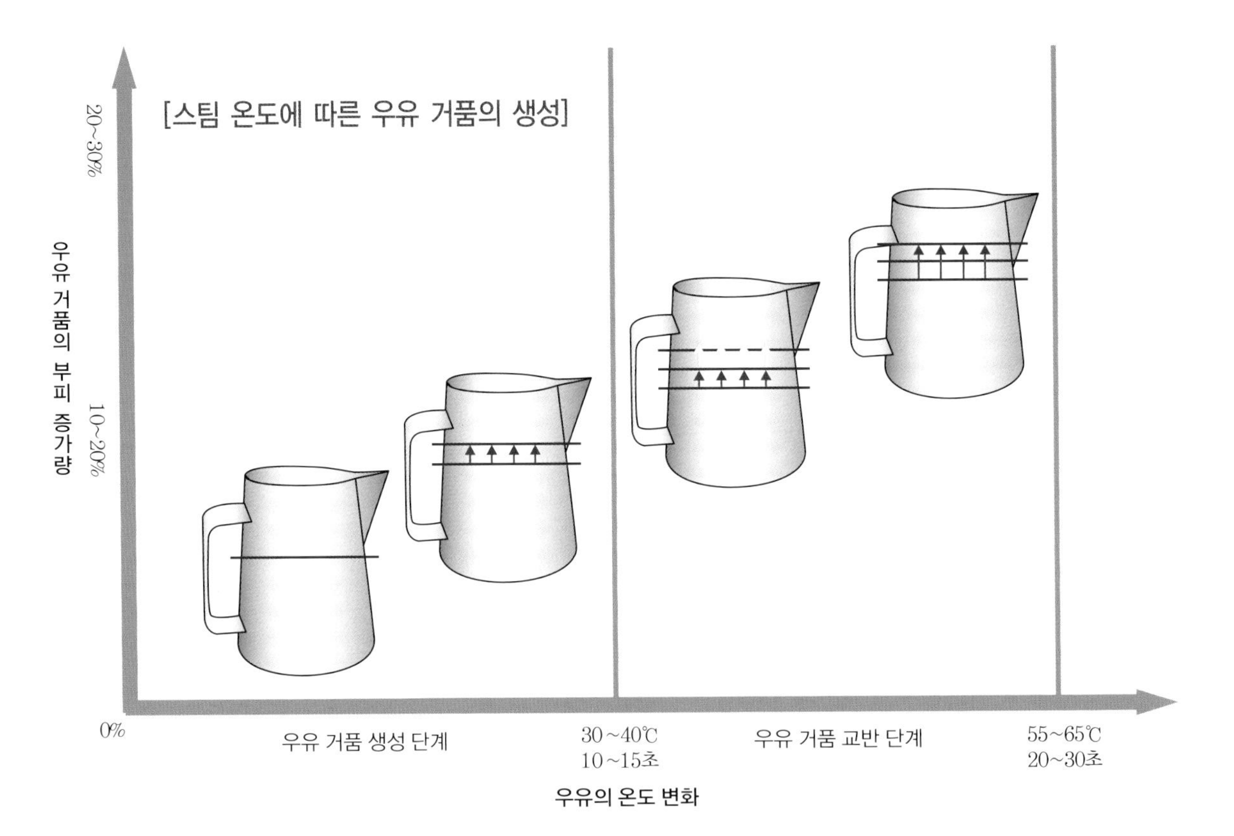

■ 스팀피처의 위치 이동

우유 거품의 부피 증가와 스팀피처의 이동 상태를 확인한다.

스팀피처의 거품이 증가하는 것을 보면서 (1차 & 2차) 거품이 생성된 스팀피처를 아래로 이동시킨다. 이때 스팀피처를 아래로 너무 많이 내리는 경우 큰 거품을 형성될 수 있으므로 주의해야 한다.

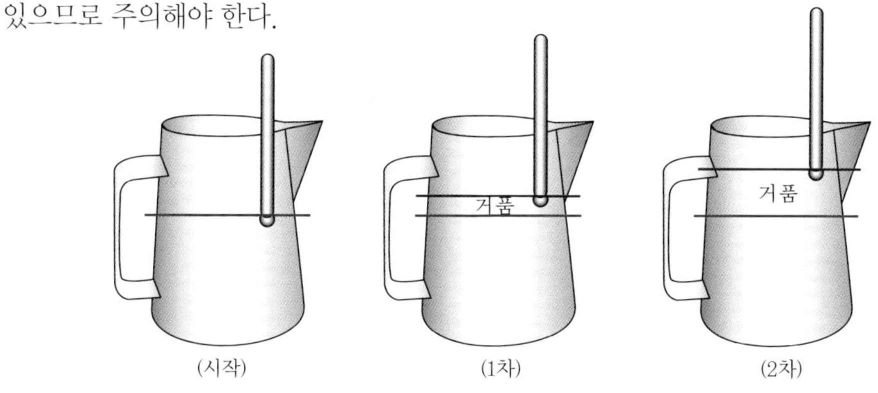

■ 스팀피처의 우유 배분

600mL 스팀피처를 사용한 5oz 라떼아트 2잔 만들기 (1oz=30mL)

1. 600mL 스팀피처에 우유 350mL를 넣는다.
2. 우유스티밍 후 거품과 우유가 분리되지 않게 교반을 시킨 후 350mL 보조피처에 150mL의 우유를 붓는다.
3. 600mL 스팀피처에 있는 벨벳밀크로 라떼아트를 완성한 후 350mL 보조피처에 있는 우유를 600mL 스팀피처 안에 붓는다
4. 600mL 스팀피처 안에 있는 벨벳밀크와 350mL 안에 있는 벨벳밀크를 잘 교반 시킨 후 나머지 한 잔의 라떼아트를 완성한다.

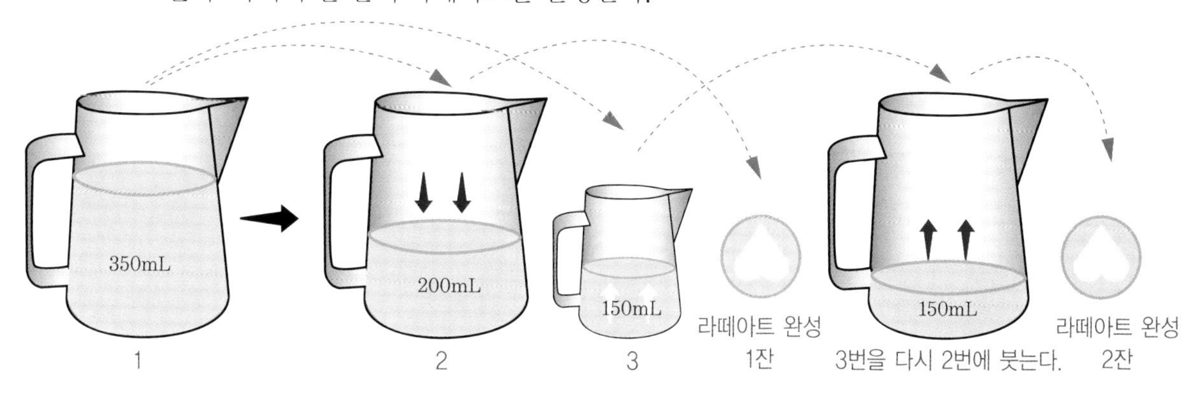

■ 우유 붓는 방법

라떼아트에는 다양한 우유 붓는 방법이 있다. 하지만 라떼아트를 만들기 위한 우유 붓는 방법은 따로 있다. 에스프레소 위에 우유를 붓는 방법에 따라서 다양한 그림의 라떼아트가 만들어진다. 우유 거품의 양에 따라서 핸들링과 우유의 양을 많이 붓기도 하고 적게 붓기도 하면서 다양한 방법으로 라떼아트를 만들 수 있다.

▶ 우유 붓기 1단계

에스프레소 추출 후 잔의 중간 또는 가장자리 부분에 부어주면서 시작한다.

- 중간에 붓는 경우 : 우유 거품과 우유가 잘 섞여 있을 때
- 가장자리에 붓는 경우 : 우유 거품이 적거나 또는 아주 많을 때

스팀피처를 잔의 가장 가까운 위치에 놓고 부으면서 바로 스팀피처를 위로 올려 주어 크레마와 우유 거품을 안정화시킨다. 항상 크레마 상태를 관찰하고 우유를 부으면서 스팀피처를 잔의 하부에서 상부로 이동한다.

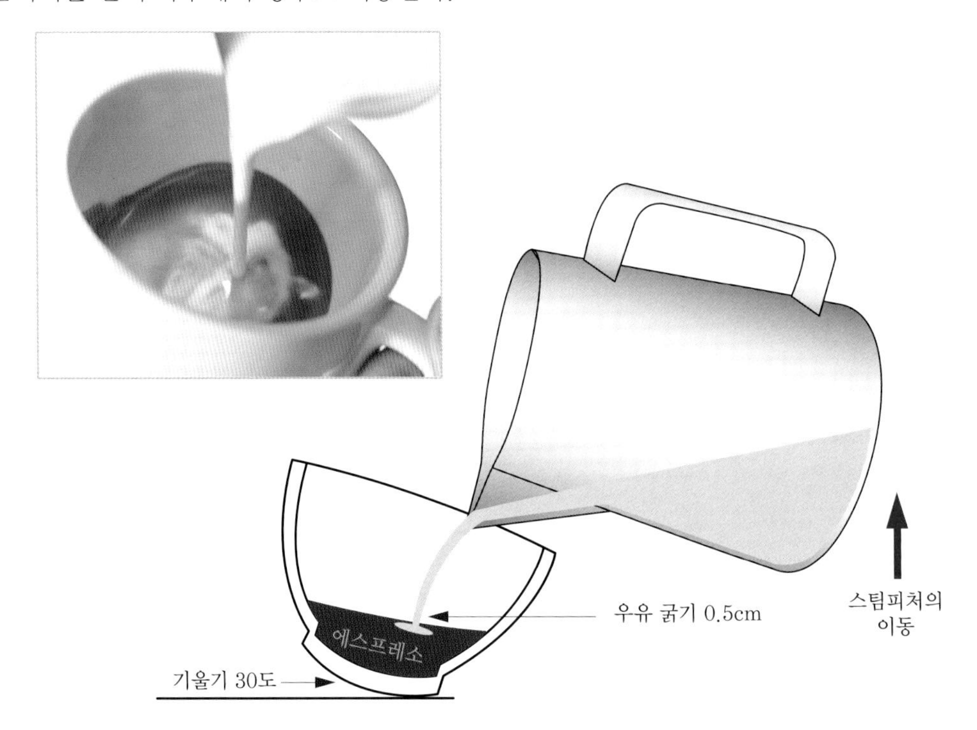

▶ 우유 붓기 2단계 (스팀피처의 상하 이동)

스팀피처에 있는 우유를 붓는 방법으로 잔의 아래에서 위로 이동하면서 우유를 부어 크레마를 안정시킨다. 스팀피처를 천천히 올려 주면서 안정되게 일정한 양을 붓는 것이 더 중요하다.

* 우유 거품이 많아서 잔의 표면이 우유 거품으로 덥히는 경우 스팀피처의 높이를 더 높이 올려서 크레마 표면을 안정시켜 준다.

▶ 우유 붓기 3단계 (크레마 안정화 단계)

스팀피처 속의 우유를 잔의 상부에서, 시작점에서, 5~7cm 높이에서 부어주는 동작이다. 이때 우유 줄기가 흔들리거나 끊어지지 않도록 하며, 시선은 항상 스팀피처의 끝부분과 물줄기를 향하고 있어야 한다.

* 흰색의 우유 거품이 보이는 경우에는 흰색 우유 거품 방향으로 벨벳밀크를 부어 주면서 보이는 우유 거품을 크레마 속으로 안정시킨다.

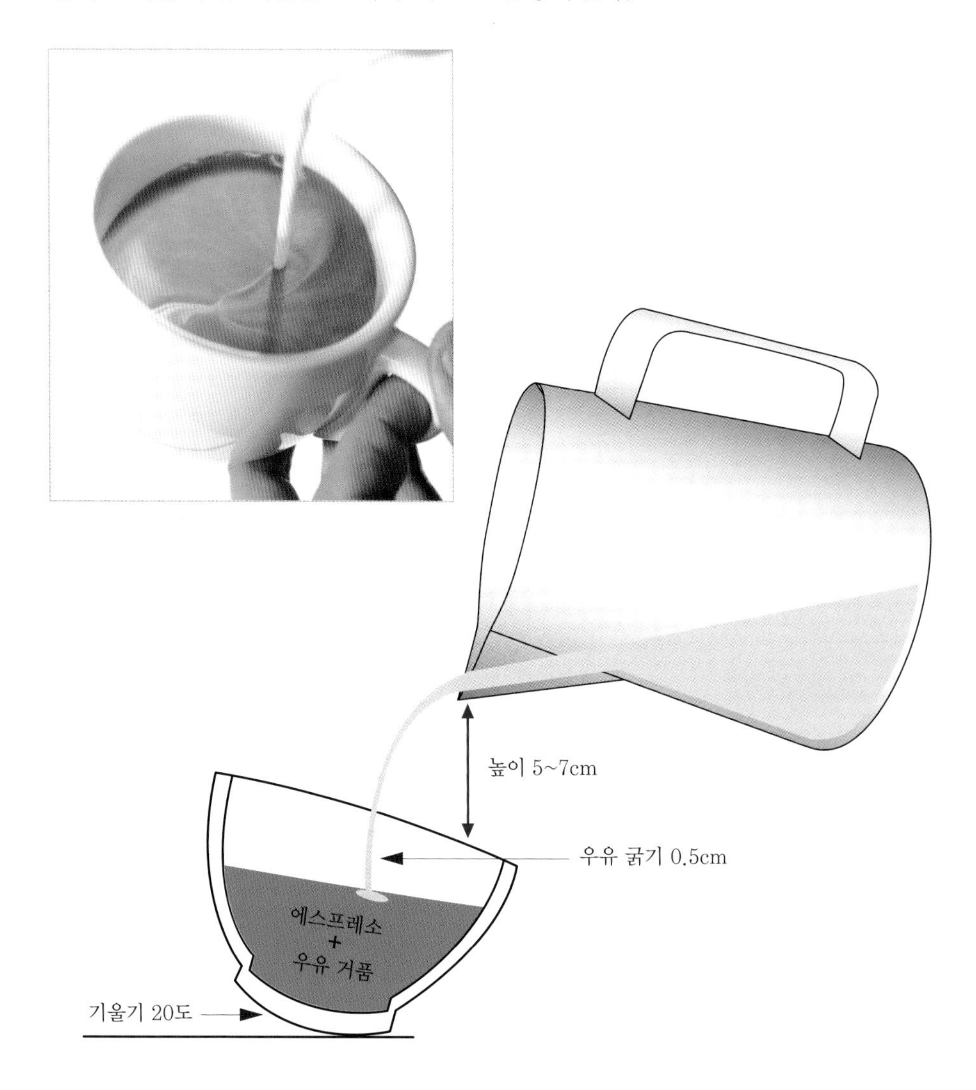

▶ 우유 붓기 4단계 (라떼아트 그리기 바로 전 단계)

우유 줄기의 굵기를 유지하면서 잔의 상부에 있는 흰색 거품 위로 우유를 부어주면서 양을 늘려준다. 우유 줄기의 굵기는 1~1.5cm 이하이어야 하며 물줄기가 흔들리거나 끊어지면 안되므로 시선은 항상 스팀피처의 끝 부분과 물줄기를 향하고 있어야 한다.

크레마가 안정되고 잔의 50% 이상 우유와 크레마가 잘 섞이면서 표면이 안정화되어 가는 과정이다.

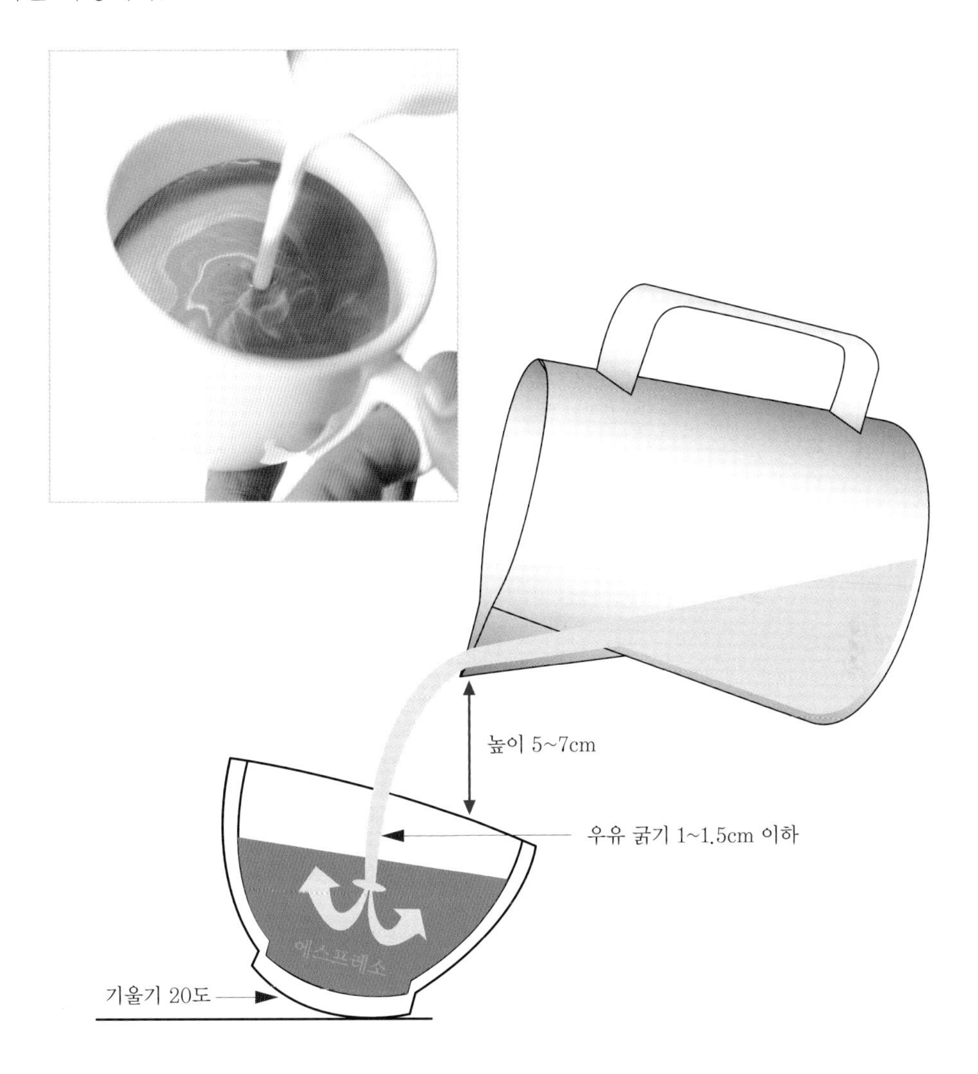

[우유 붓기 – 크레마 안정화 단계]

• 에스프레소와 크레마, 벨벳밀크가 섞이면서 크레마 거품층의 색이 밝아지면 잔에 부피가 증가된다.

• 벨벳밀크 + 크레마 + 에스프레소가 유속에 의해서 잘 섞여 있는 단계이다.

• 우유 거품이 적을 경우에는 시작 단계를 잔의 아랫부분에서 시작해도 된다.

▶ 우유 붓기 5단계 (라떼아트 시작 단계)

우유의 양이 잔의 중간 부분에 오게 되면 우유 붓는 높이를 조절하여 다시 빠르게 잔의 상부로 내려오도록 한다. 이때 우유 굵기가 흔들리거나 끊어지면 안되므로 시선은 항상 스팀피처의 끝 부분과 물줄기를 향하고 있어야 한다.

스팀피처 끝 부분은 잔 안에 있는 우유 표면과 가장 가까운 위치를 선택해야 한다.

* 벨벳밀크의 붓는 양과 스팀피처의 끝 부분의 위치가 매우 중요하다. 이 시점에서 벨벳밀크의 양이 많을 경우 전체적인 모양이 크게 나오며 너무 적게 붓는 경우에는 모양이 나오지 않을 수 있다.

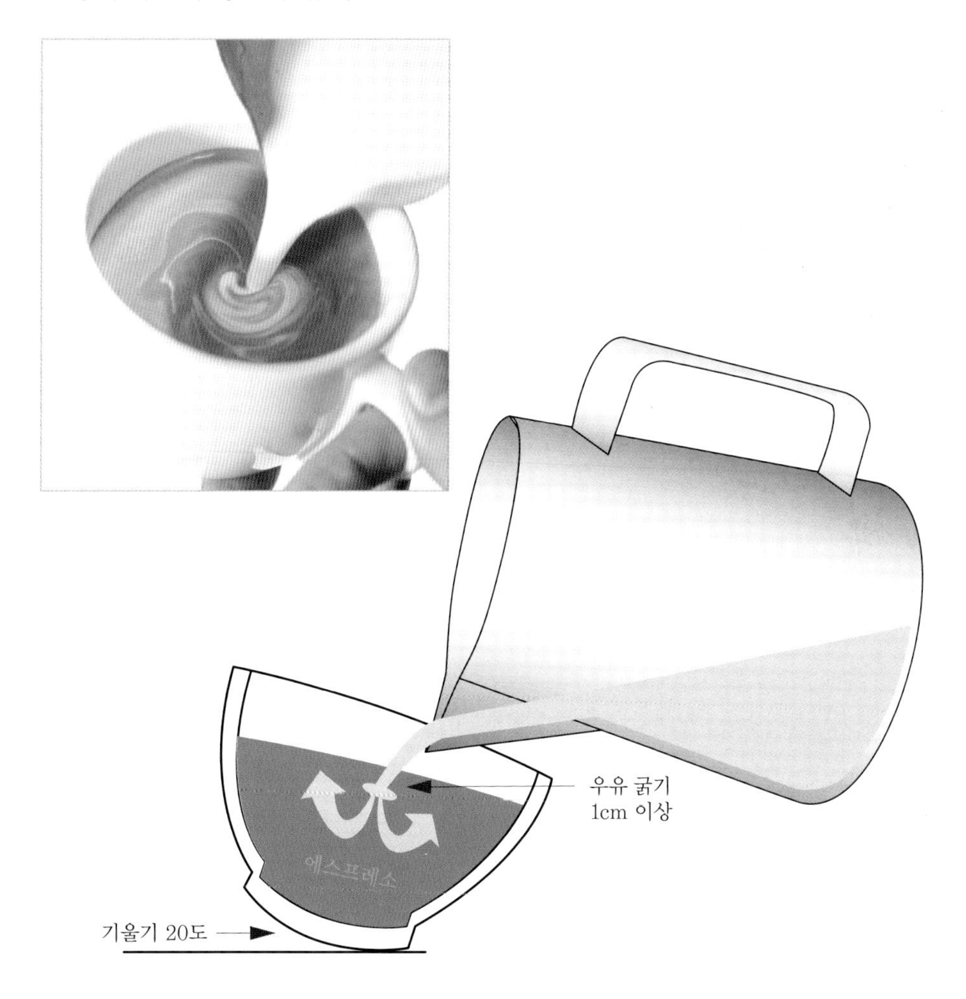

▶ 우유 붓기 6단계 (라떼아트 시작 단계)

우유 붓는 방법과 양을 늘리는 동작이 완벽하게 손에 숙달되었을 때 할 수 있는 동작이다.

라떼아트가 그려지는 가장 기본적인 원리는 크레마 또는 액체 위에 뜨는 가루나 색소가 있을 경우 우유 거품이 크레마와 섞이면서 점점 크레마 층이 두꺼워지게 된다. 이때 크레마 층과 우유 거품 층이 잘 섞이게 되면서 안정화가 이루어지면 바리스타의 핸들링과 붓는 우유의 양이 증가하면서 크레마 층에 흰색 우유 거품이 겹치게 된다. 흰색과 갈색이 교차되면서 모양이 그려지기 시작한다.

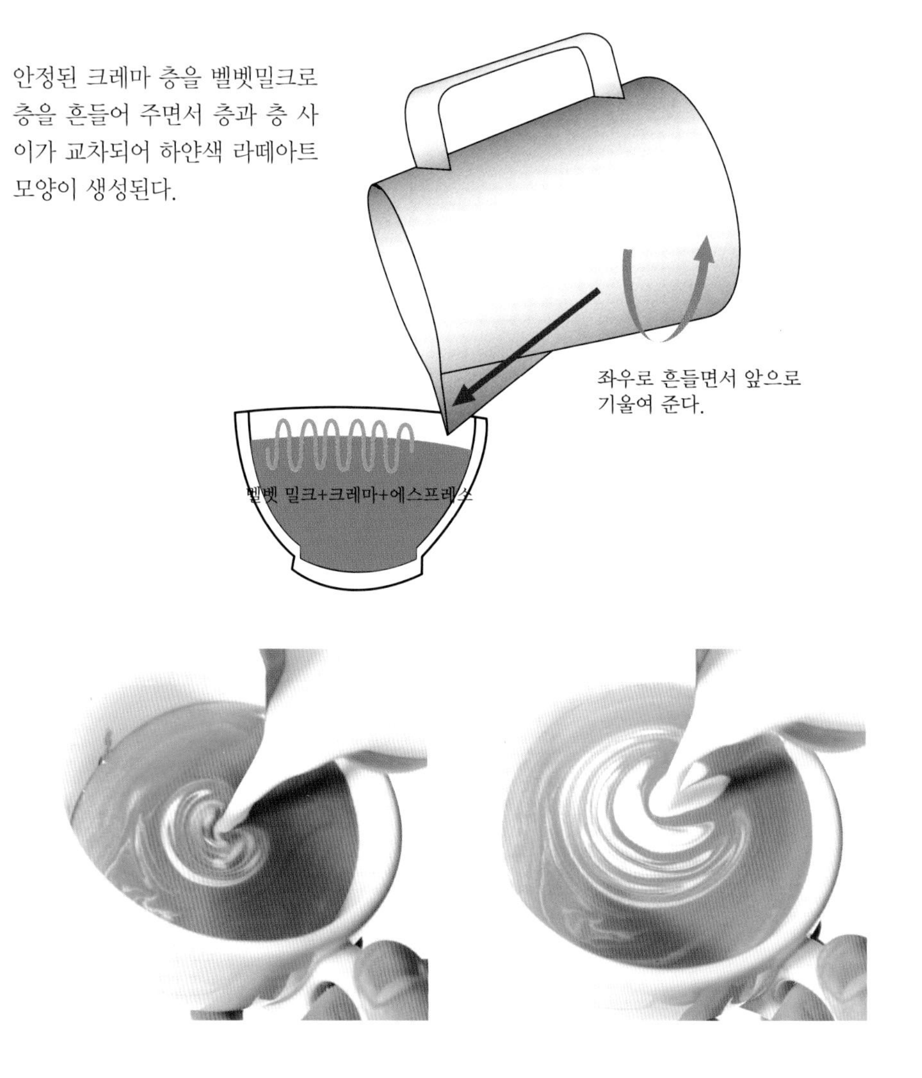

[잔의 기울기 변화]

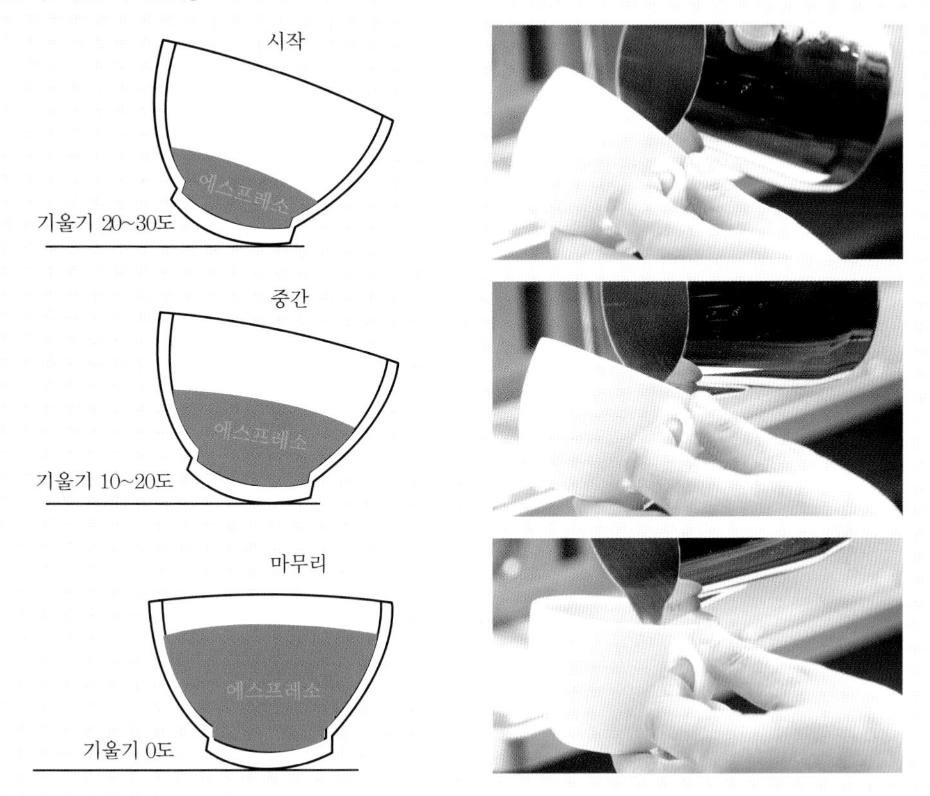

잔을 기울여서 하는 방식이 어려울 경우 수평 상태에서 시작해도 좋다. 여기서 주의할 점은 스팀피처를 더 많이 잔 속으로 기울이고 붓는 양도 증가시켜야 한다.

[라떼아트 주의사항 및 핵심 포인트]

- 우유 붓는 양은 일정하게 유지해야 한다.
- 스팀피처의 끝 부분은 잔의 가운데 부분을 향하고 있어야 한다.
- 스팀피처는 잔의 상단에 닿아 있어야 하며 살짝 올린 듯한 느낌으로 올려준다.
- 스팀피처의 각도는 일정하게 앞으로 기울여져야 한다.
- 스팀피처를 좌우로 흔들어 주는 넓이도 일정해야 한다.
- 우유 거품 상태를 처음부터 끝까지 계속 관찰해야 한다.
- 우유 거품의 분리 여부를 확인한다.

Part 03

원리로 알아보는 하트와 로제타 만들기

하트 만들기 *To make a Heart*

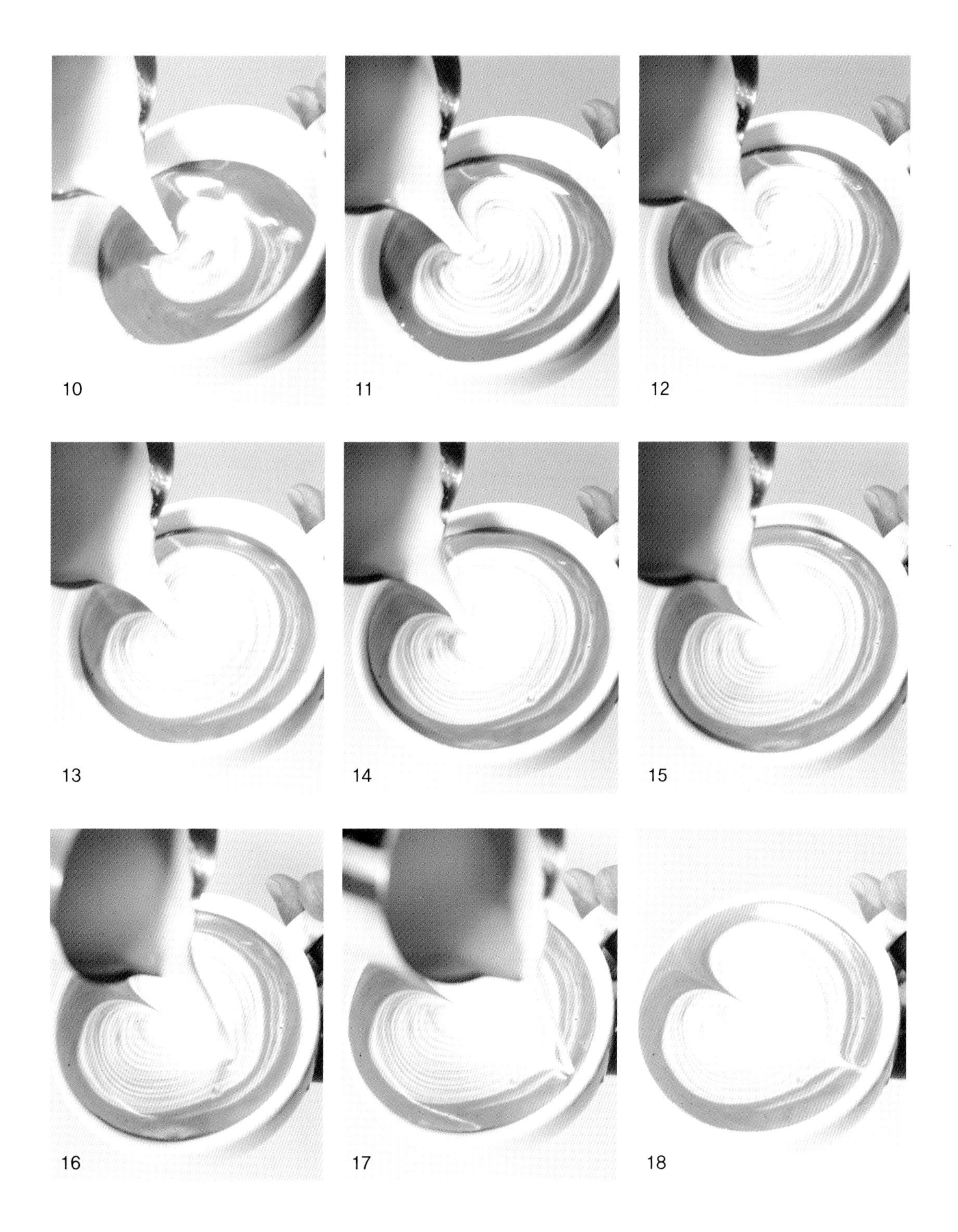
10
11
12
13
14
15
16
17
18

1. 하트 만들기 원리

하트 만들기는 라떼아트에서 기본이 되는 원리이다. 하트를 만드는 방식에는 붓는 방식과 흔드는 방식이 있다. 하트가 그려지는 가장 중요한 원리는 벨벳밀크를 일정하게 같은 위치에 부을 수 있는지가 중요하다.

■ 붓는 방식(pouring) (밀어 넣기)

❶ 에스프레소가 추출된 잔에 벨벳밀크를 중간까지 천천히 붓는다.

❷ 스팀피처는 10도 이상 잔의 안쪽 방향으로 기울인다.

＊자연스럽게 우유의 양을 증가시키면 하얀색 무늬가 나타난다.

❸ 원형 무늬가 나타나면 스팀피처를 처음 위치에서 잔의 가운데 방향으로 이동한다.

＊주의사항 : 스팀피처는 잔에서 떨어지지 않도록 한다.

❹ 잔의 가운데 위치에서 90% 정도까지 벨벳밀크를 붓는다.

❺ 스팀피처를 잔의 위쪽으로 5cm 정도 올린 후 마무리한다. (이때 우유 붓는 줄기의 굵기는 0.5cm 미만이어야 한다.) 잔의 끝 부분까지 이동하면서 마무리한다.

■ 붓는 방식(pouring) + 흔드는 방식(handing) (흔들면서 밀어 넣기)

❶ 에스프레소가 추출된 잔에 벨벳밀크를 중간까지 천천히 붓는다.

❷ 우유와 크레마가 잔의 중간 부분까지 올라오면 스팀피처를 20도 이상 잔의 안쪽 방향으로 기울이면서 동시에 스팀피처를 잔의 상부에 올려 놓으면서 좌우로 흔들어 준다.

＊자연스럽게 우유의 양이 증가하면서 하얀색 무늬가 나타난다.

❸ 잔의 가운데 위치에서 90% 정도까지 벨벳밀크를 붓는다.

❹ 스팀피처를 잔의 위쪽으로 5cm 정도 올린 후 마무리한다. (이때 우유 붓는 줄기의 굵기는 0.5cm 미만이어야 한다.) 잔의 끝 부분까지 이동하면서 마무리한다.

[라떼아트 하트 - 스팀피처 끝 부분의 붓는 위치 이동]

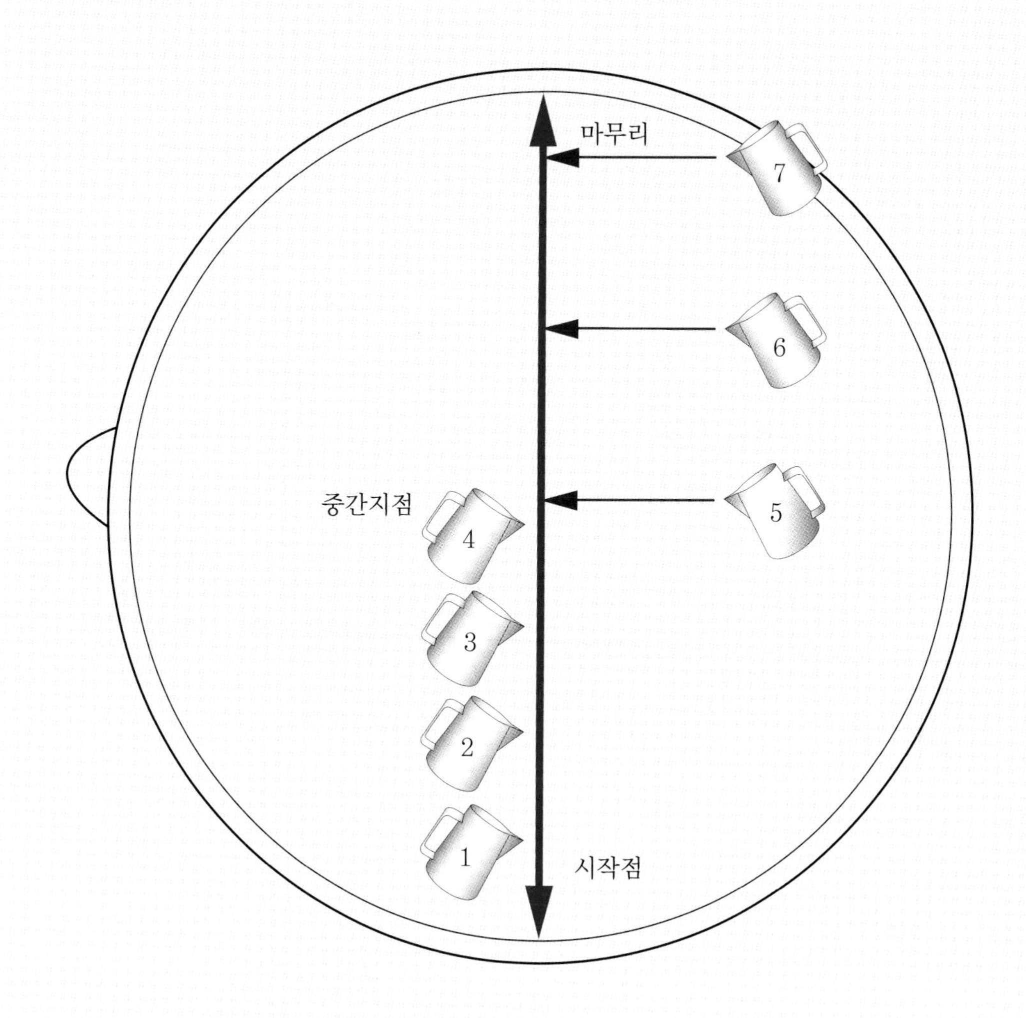

■ 하트 1-1단계 (잔과 스팀피처의 기울기)

❶ 스팀피처는 잔과 만나는 접촉면에서 시작한다.

❷ 스팀피처의 각도를 10도 이상 기울인다. 우유 붓는 양이 적을 경우 하얀색 무늬가 나타나지 않는다.

❸ 현재 시점에서 흔드는 핸들링이 적을 경우 하트 라인이 바로 나타나지 않는다.

■ 하트 1-2단계 (스팀피처의 위치)

① 스팀피처는 잔과 만나는 접촉면에서 시작한다.

② 라떼아트의 크레마 안정화 단계 완성 후 하트 그리기를 시작한다.

③ 스팀피처의 모서리 부분에서 1cm 부분을 잔의 상단에 살짝 올려 놓은 느낌으로 시작한다.

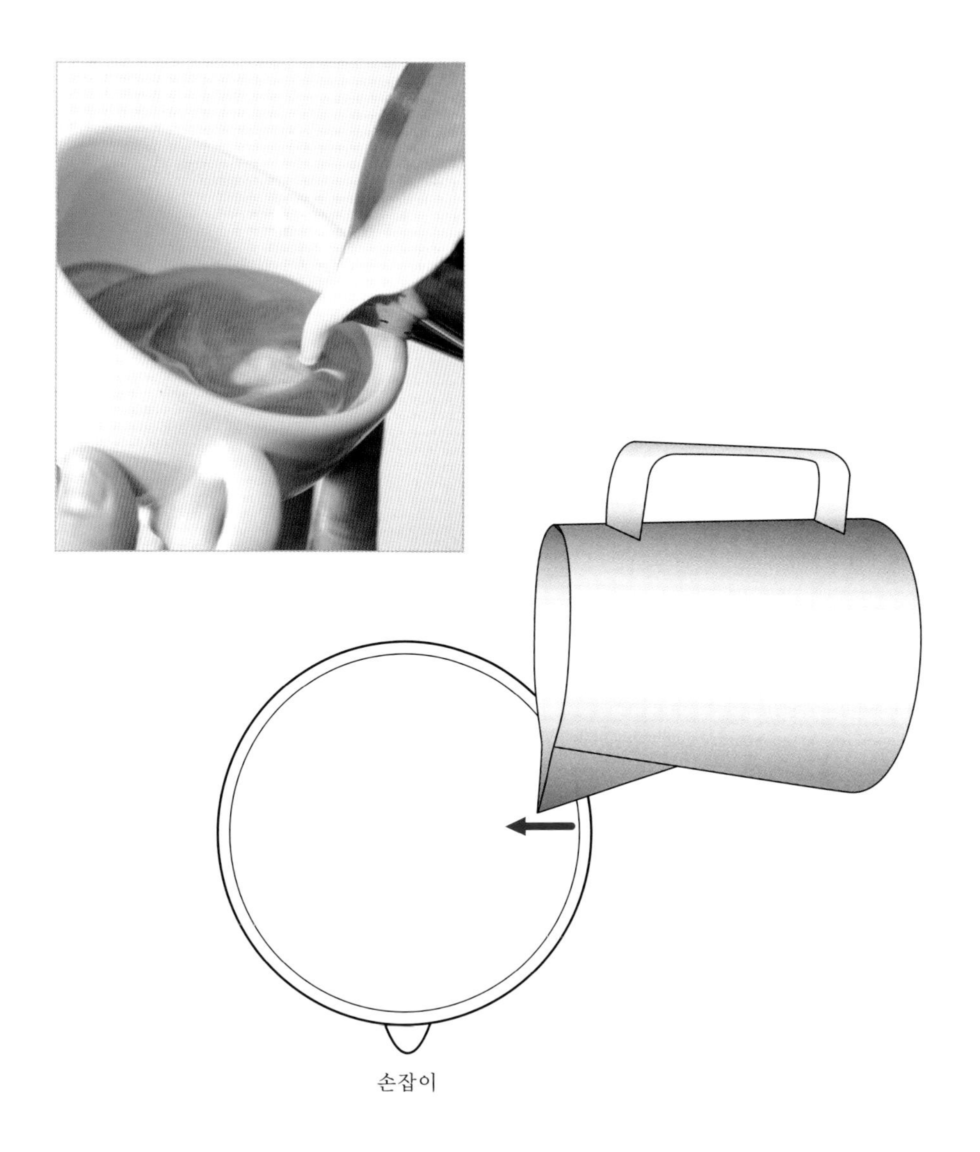

■ 하트 2-1단계 (잔과 스팀피처의 기울기)

❶ 스팀피처는 10도 이상 기울여 우유를 붓고, 잔도 10도 기울린다.

- 우유 붓는 양이 적을 경우 하얀색 무늬가 나타나지 않는다.
- 우유 붓는 양을 증가시키면 하트 모양이 커지게 된다.

❷ 하얀색 무늬가 그려지면 스팀피처를 앞으로 전진한다. 각도는 그대로 유지한다.

- 우유 붓는 양의 굵기는 1~1.5cm이다. 우유 붓는 위치가 2/3지점이 된다.

■ 하트 2-2단계 (스팀피처의 위치)

① 스팀피처를 잔의 중간에 놓는다.

② 잔의 우유가 70% 이상 채워진 상태에서 스팀피처의 끝 부분이 잔의 안쪽 가운데 부분에 위치한다.

■ 하트 3-1단계 (잔과 스팀피처의 기울기)

❶ 스팀피처는 5도 이상 기울여 우유를 붓고, 잔은 수평 상태이다.

❷ 우유 붓는 양을 줄이면서 잔 전체의 양을 확인한다.

- 우유 붓는 양의 굵기는 1~2cm이다.

❸ 하트 모양이 완성된 상태이며 잔에 90% 이상 거품과 우유가 찬 상태이다.

■ 하트 3-2단계 (스팀피처 위치 변화)

① 스팀피처는 잔의 가운데 부분까지 이동하면서 핸들링을 유지한다.

② 잔에 우유의 양이 90% 채워진 상태이다.

③ 처음 시작 단계에서 잔 안의 우유의 양을 증가시키면서 스팀피처는 컵의 중간 부분으로 이동한다.

* 초보자의 경우 라떼아트를 시작할 때, 스팀피처의 끝 부분의 위치를 앞으로 기울이면서 좌우로 핸들링하지 않으면 하트의 라인이 예쁘게 나타나지 않는다.

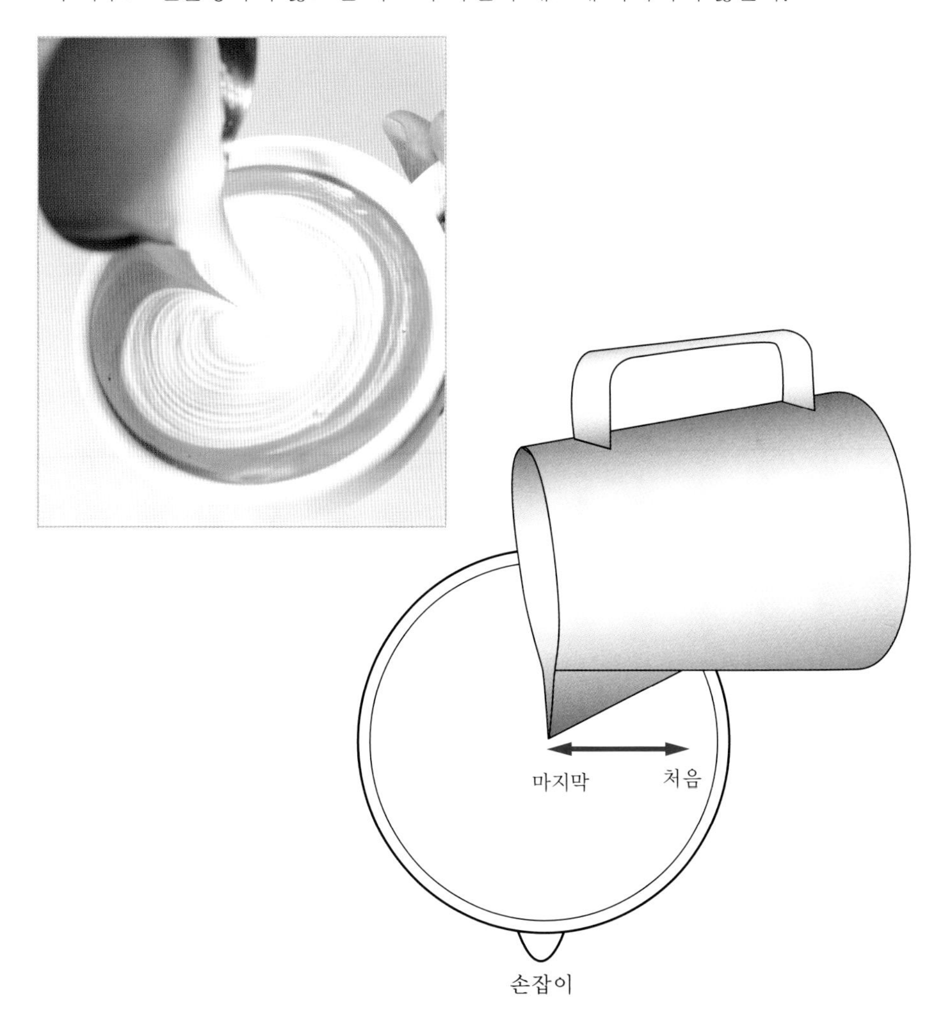

■ **하트 4단계 (잔과 스팀피처의 기울기 및 위치 변화)**

① 스팀피처의 위치를 변화시켜 하트 라인을 만든다.

② 천천히 우유의 양을 늘리면서 스팀피처를 위쪽으로 올려준다.

③ 잔 안쪽의 하트 중앙 부위에 벨벳밀크를 붓는다.

- 우유 붓는 양의 굵기는 0.5~1cm 이하이다. 잔은 수평 상태로 놓는다.

■ 하트 5단계 (잔과 스팀피처의 기울기 및 위치 변화)

❶ 스팀피처의 위치를 변화시켜 하트 라인을 만든다.

❷ 스팀피처를 천천히 북쪽 방향으로 이동하면서 잔의 끝 부분에서 붓는 동작을 멈춘다. 붓는 양은 일정하게 유지시킨다.

- 우유 붓는 양의 굵기는 0.5cm이다. 잔은 수평 상태이다.

❸ 우유 붓는 양이 많을 경우 하트 모양이 변형될 수 있다.

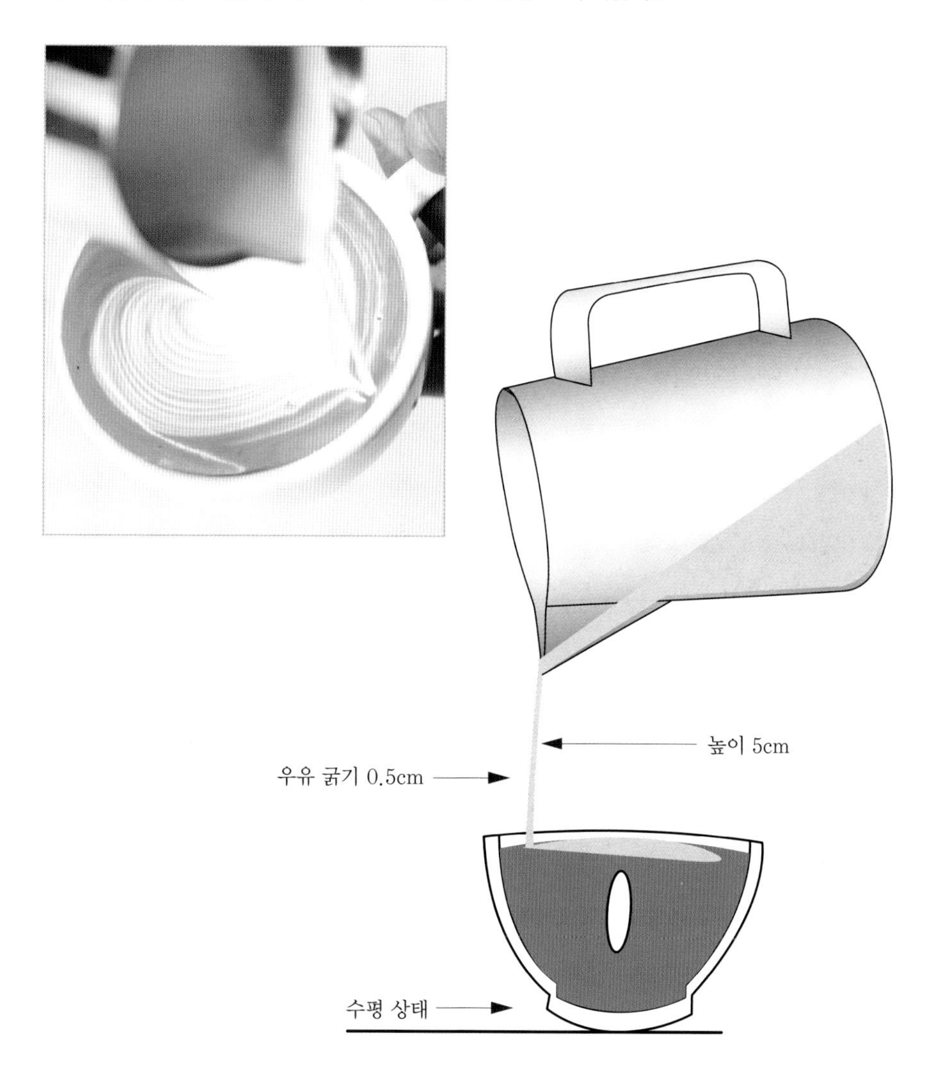

2. 실전 라떼아트 하트 (모양이 생기는 원리)

■ 하트 1단계

① 스팀피처를 잔에 살짝 올려 놓으면서 우유 붓는 양을 늘려준다.

② 스팀피처를 잔의 남쪽 부분에서 1/3 지점에 놓고 시작한다.

③ 스팀피처는 잔에 살짝 올린 채 잔의 안쪽으로 10도 정도 기울이면서 좌우로 흔들어 준다.

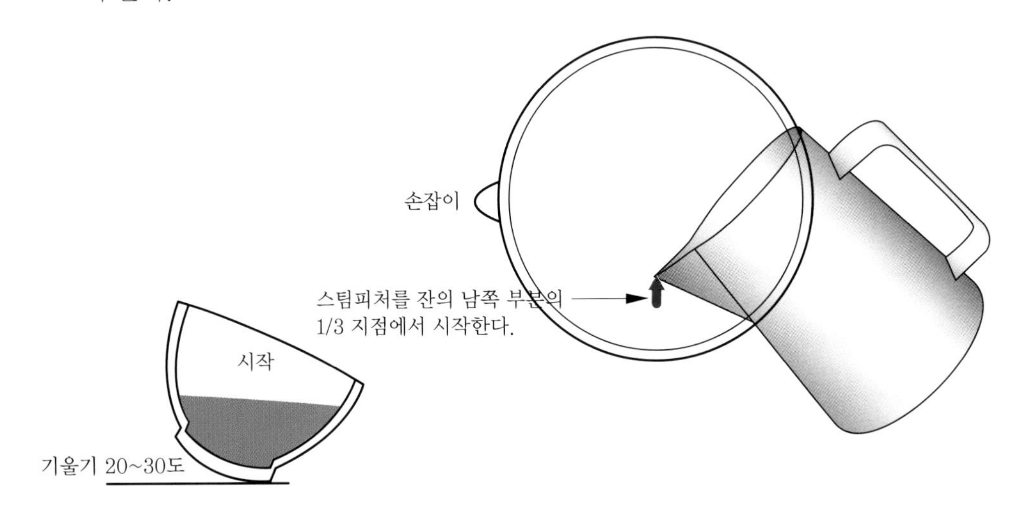

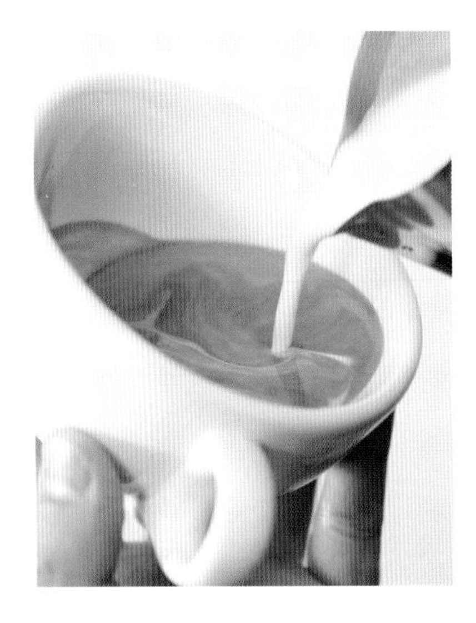

■ 하트 2단계

① 스팀피처는 10도 정도 기울여 우유를 붓고, 잔은 20도 기울린다.

② 우유 붓는 양을 늘리면서 앞으로 나아간다.

③ 우유로 인해 하얀색 무늬가 형성된다.

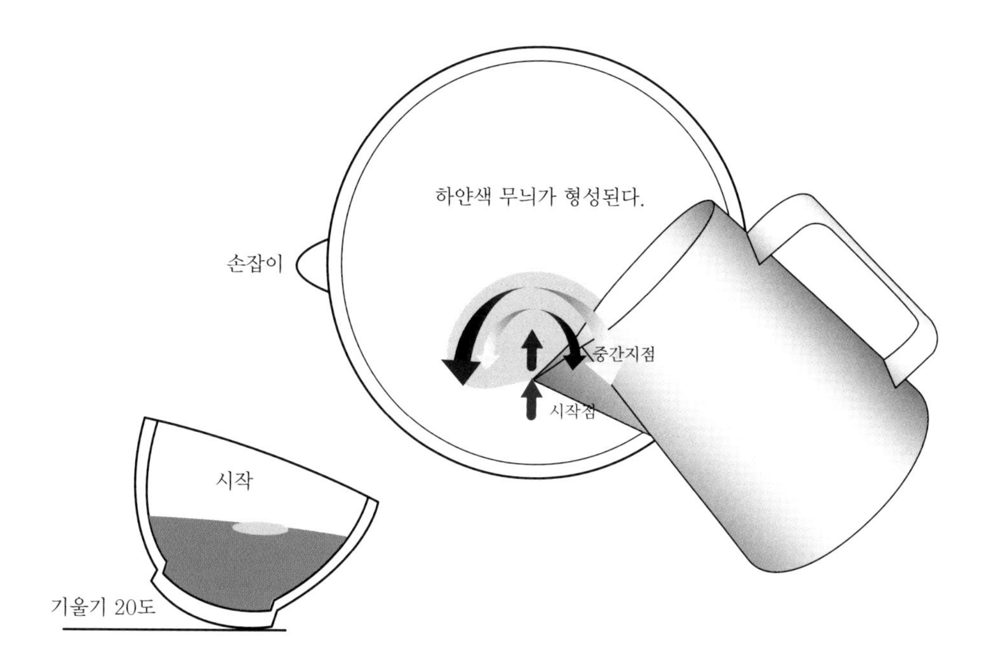

■ 하트 3단계

① 스팀피처는 10도 정도 기울여 우유를 붓고, 잔은 20도 기울린다.

② 우유 붓는 양을 늘리면서 잔의 중앙으로 나아간다.

③ 스팀 거품이 계속 퍼져 나간다.

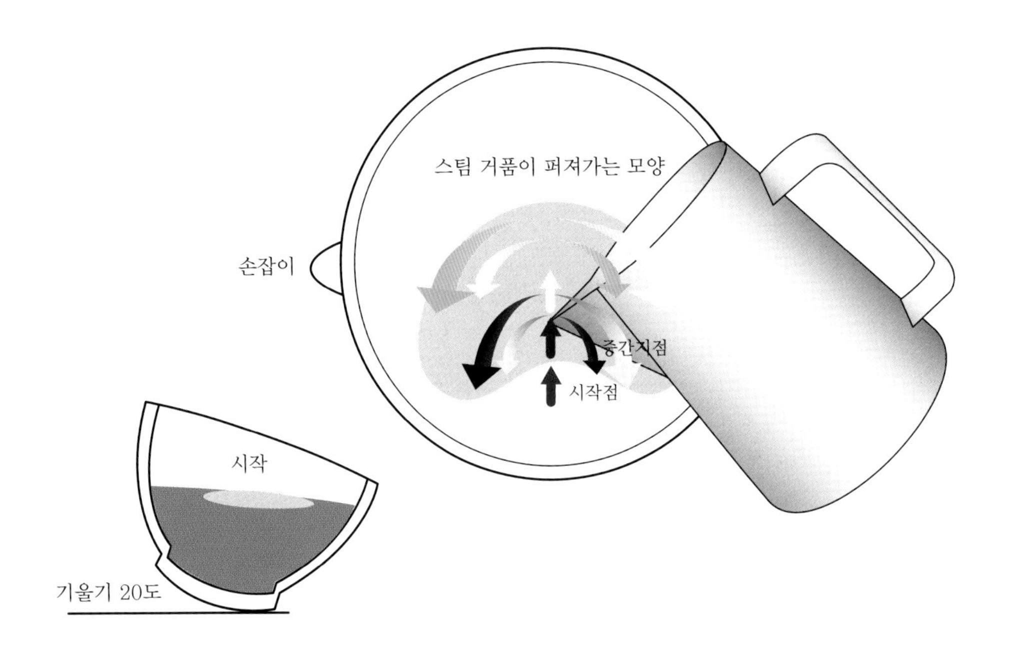

■ 하트 4단계

❶ 스팀피처는 10도 정도 기울여 우유를 붓고, 잔은 10~20도 기울린다.

❷ 우유 붓는 양을 늘려 원을 크게 그린다.

❸ 원이 그려지면서 하얀색 하트 무늬가 만들어진다.

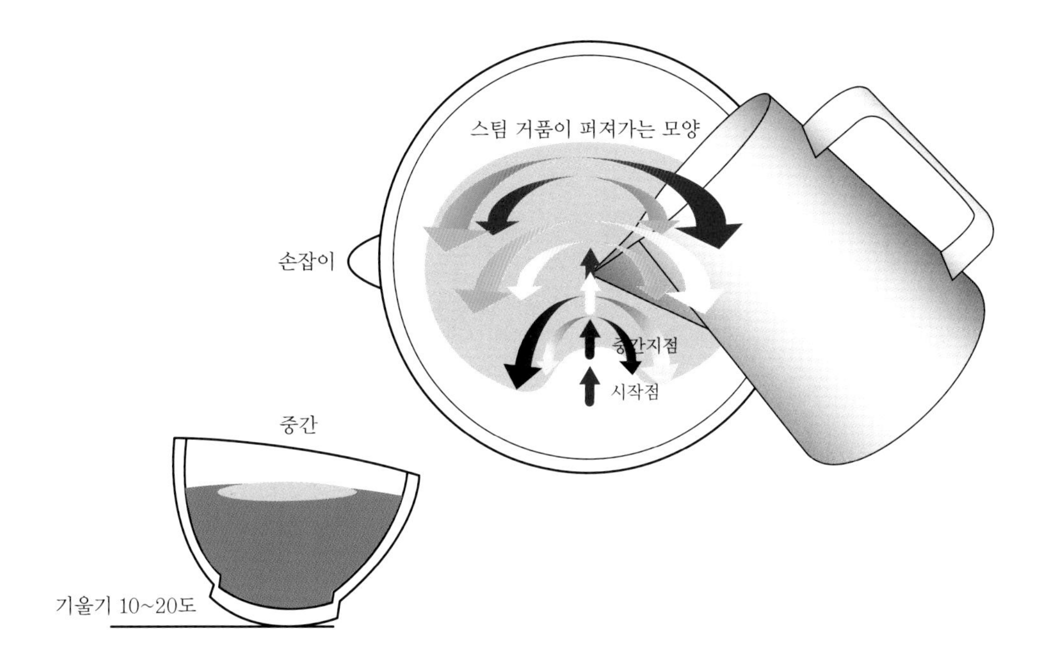

■ 하트 5단계

① 스팀피처는 5도 정도 기울여 우유를 붓고, 잔은 10~20도 기울린다.

② 우유 붓는 양을 늘려 안정화시킨다.

③ 원을 그리듯 하얀색 무늬가 형성되면서 하트 무늬가 커진다.

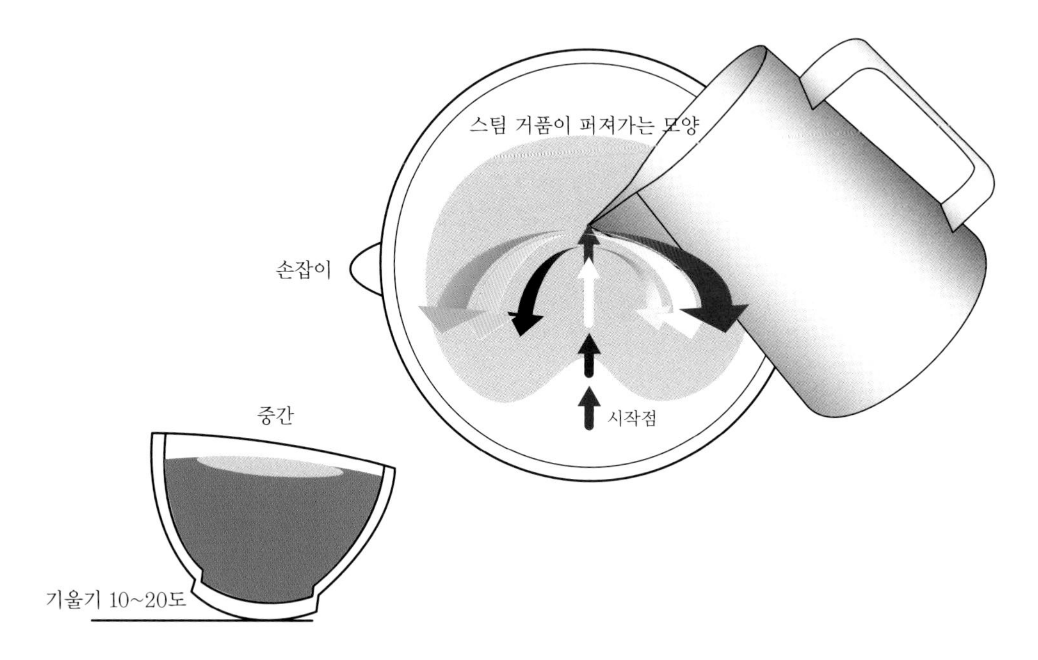

■ 하트 6단계

❶ 스팀피처는 5도 정도 기울여 우유를 붓고, 잔의 기울기 각도는 0도이다.

❷ 우유 붓는 양을 늘려 안정화시킨다.

❸ 원을 그리듯 하얀색 무늬가 형성되면서 원형 모양이 커진다.

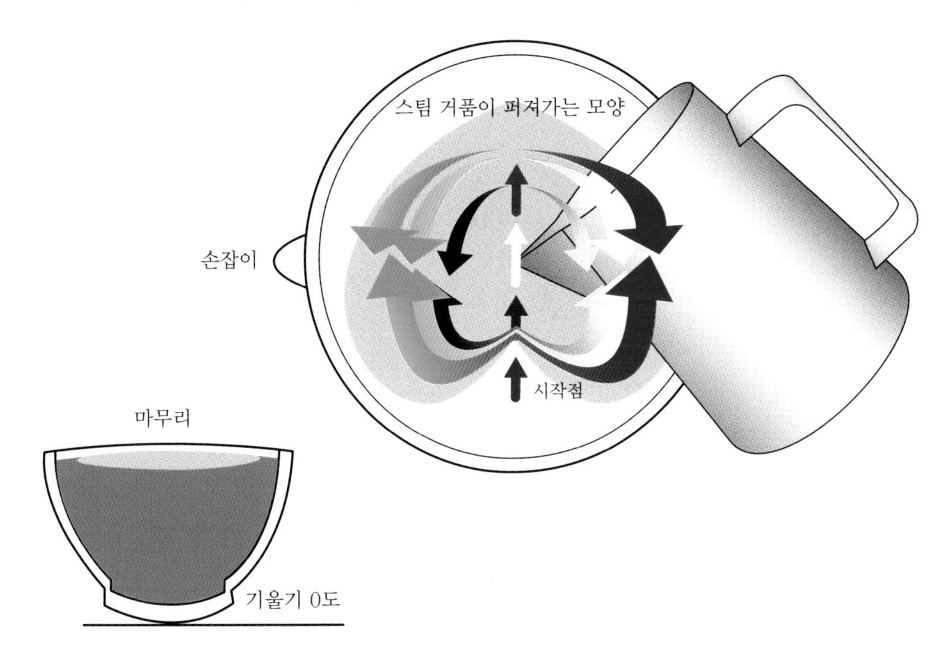

■ 하트 7단계

① 스팀피처는 수평으로 우유를 붓고, 잔의 기울기 각도는 0도이다.

② 우유 붓는 양을 늘려 안정화시킨다.

③ 원이 커지면서 하얀색 하트가 완성된다.

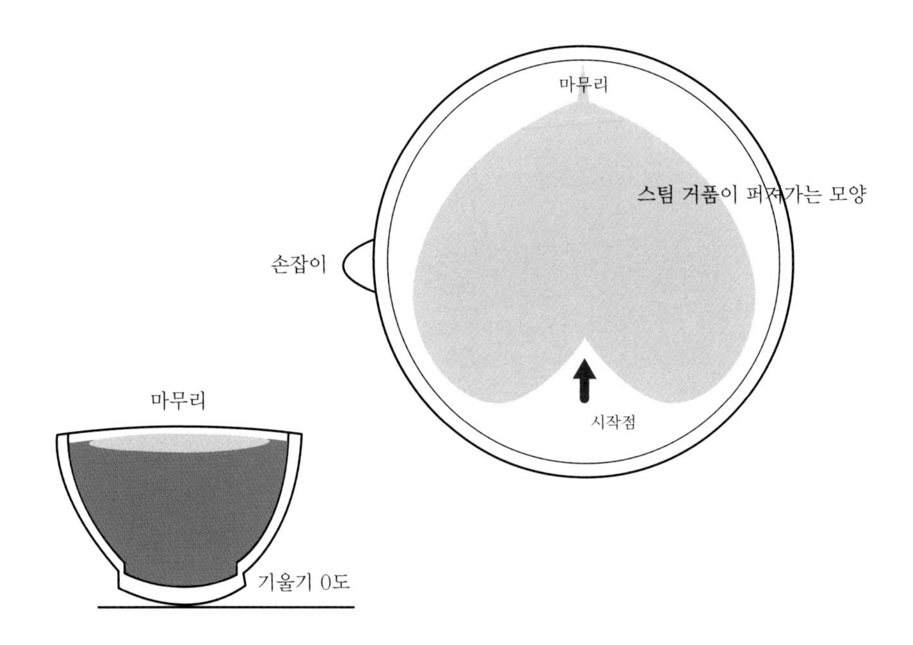

3. 크레마 안정 과정

로제타 만들기

To make a Rosetta

10
11
12
13
14
15
16
17
18

4. 로제타(나뭇잎) 만들기 원리

로제타 만들기는 라떼아트에서 기본이 되는 원리이다. 로제타(나뭇잎) 만드는 방식은 흔들면서 밀어주는 방식이다. 나뭇잎이 그려지는 가장 중요한 원리는 벨벳밀크를 얼마나 일정하게 같은 위치에 부으면서 위치 이동을 하는 것이다.

위치 이동은 잔의 중앙 부분에서 전진(약 1cm) 후 후진(잔의 반대 부분까지)한다.

■ 붓는 방식(pouring) + 흔드는 방식(handing) (흔들면서 밀어 넣기)

❶ 에스프레소가 추출된 잔에 벨벳밀크를 중간까지 천천히 붓는다.

❷ 우유와 크레마가 잔의 중간 부분까지 올라오면 스팀피처의 끝 부분이 잔의 중앙에 오게 하고 스팀피처를 10도 이상 잔의 안쪽 방향으로 기울이면서 동시에 스팀피처를 잔의 상부에 올려 놓으면서 좌우로 흔들어 준다. 이때 하얀색 무늬가 형성이 되면 빠르게 스팀피처를 뒤로 흔들면서 이동한다.

❸ 잔의 끝 부분에서 스팀피처를 잔의 위쪽으로 5cm 정도 올린 후 다시 전진하면서(이때 우유 붓는 줄기의 굵기는 0.5cm 미만이어야 한다.) 잔의 끝 부분까지 이동하여 마무리한다.

[라떼아트 로제타 – 스팀피처 끝 부분의 붓는 위치 이동]

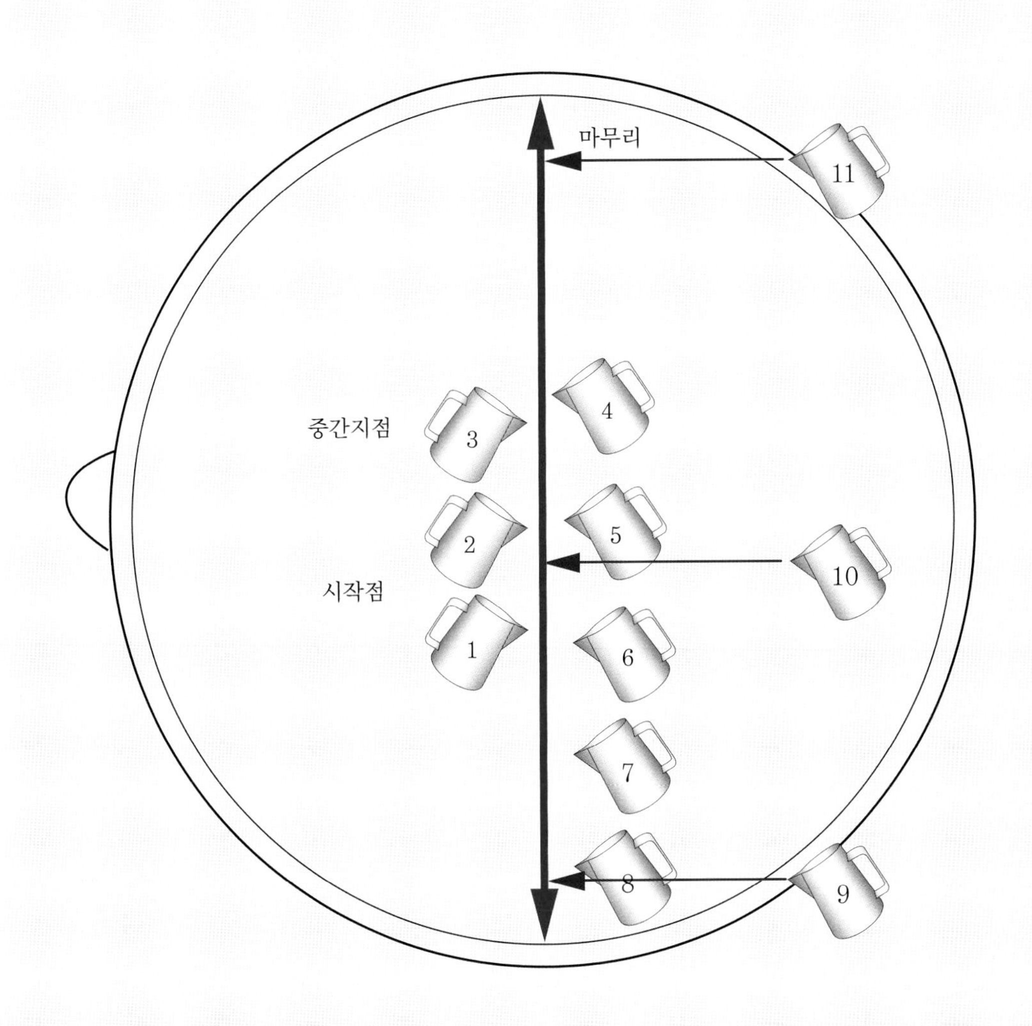

■ 로제타 1-1단계 (잔과 스팀피처의 기울기)

① 크레마가 안정화 이후의 단계이다.

- 우유 붓는 양의 굵기는 1~1.5cm이다. 우유 붓는 위치는 중간이다.

② 스팀피처를 10도 이상 기울여 우유를 부어준다. 붓는 양이 적을 경우 하얀색 무늬가 나타나지 않는다. 잔은 20도 이상 기울린다.

③ 현재 시점에서 흔드는 핸들링이 적을 경우 하얀색 무늬가 바로 나오지 않는다.

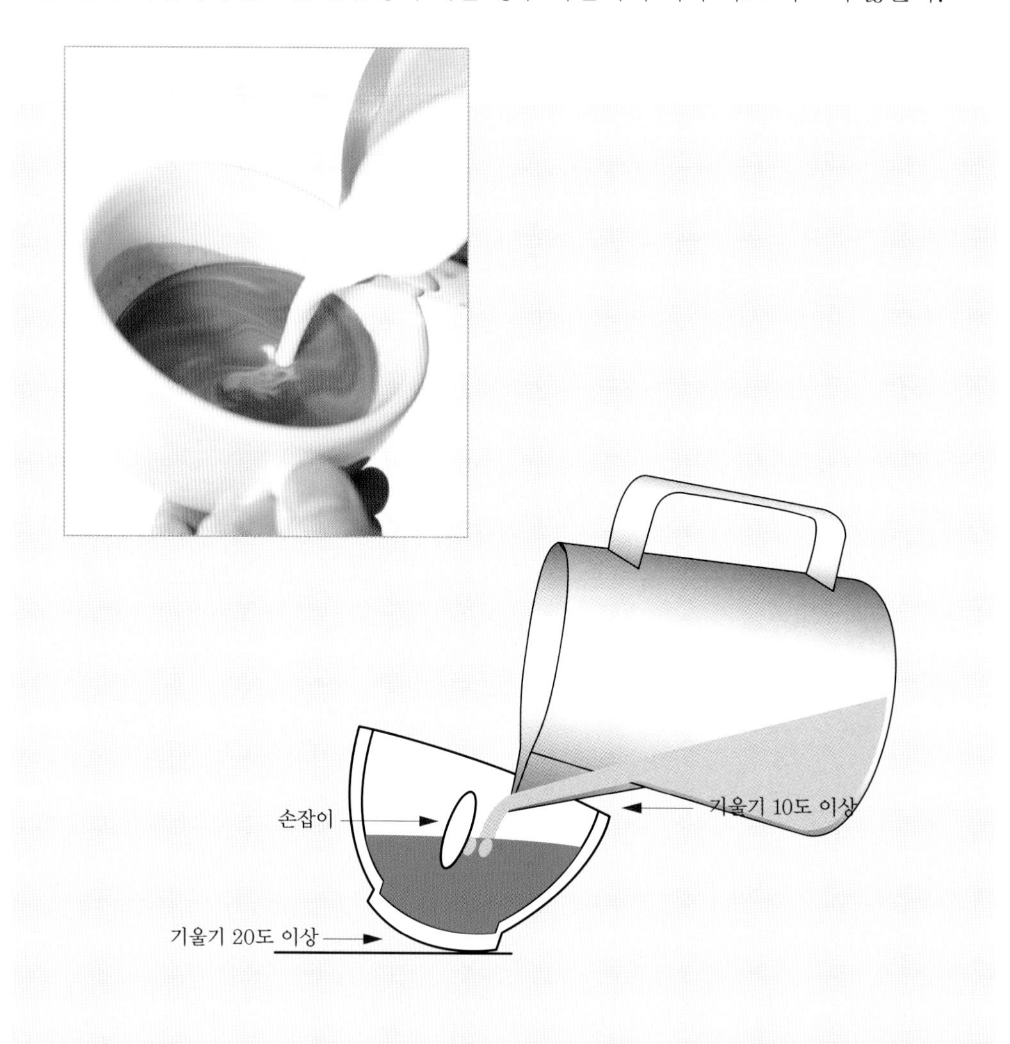

■ 로제타 1-2단계 (스팀피처의 위치)

➊ 스팀피처와 잔이 만나는 접촉면에서 시작한다.

➋ 스팀피처의 모서리 부분에서 3cm 부분을 잔의 상단에 살짝 올려 놓은 느낌으로 시작한다.

* 스팀피처 안에 우유의 양이 적당한지 확인한다. 우유의 양이 잔의 크기에 비해 너무 많거나 적으면 라떼아트를 완성하는데 어려움이 있다.

■ 로제타 2-1단계 (잔과 스팀피처의 기울기)

① 스팀피처는 10도 이상 기울여 우유를 붓고, 잔은 20도 이상 기울린다.

② 하얀색 무늬가 그려지면서 스팀피처를 앞으로 전진한다. 각도는 그대로 유지한다.

- 붓는 양의 굵기는 1~1.5cm이다.

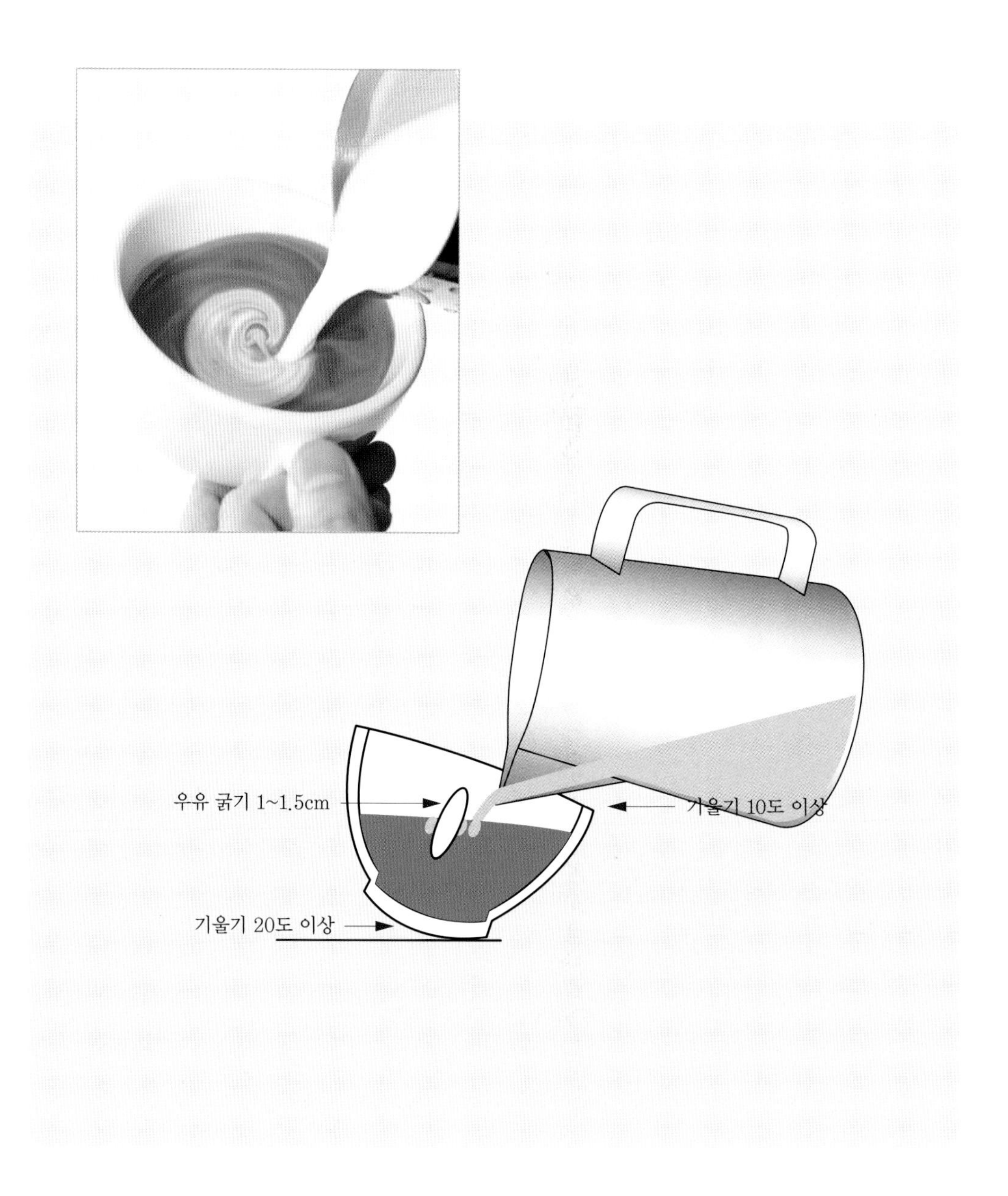

■ 로제타 2-2단계 (스팀피처의 위치)

❶ 스팀피처는 10도 이상 기울여 우유를 붓고, 잔은 20도 이상 기울린다.

❷ 스팀피처의 끝 부분이 잔의 중간 부분까지 이동한다.

❸ 잔에 우유의 양이 70%까지 채워진 상태이다.

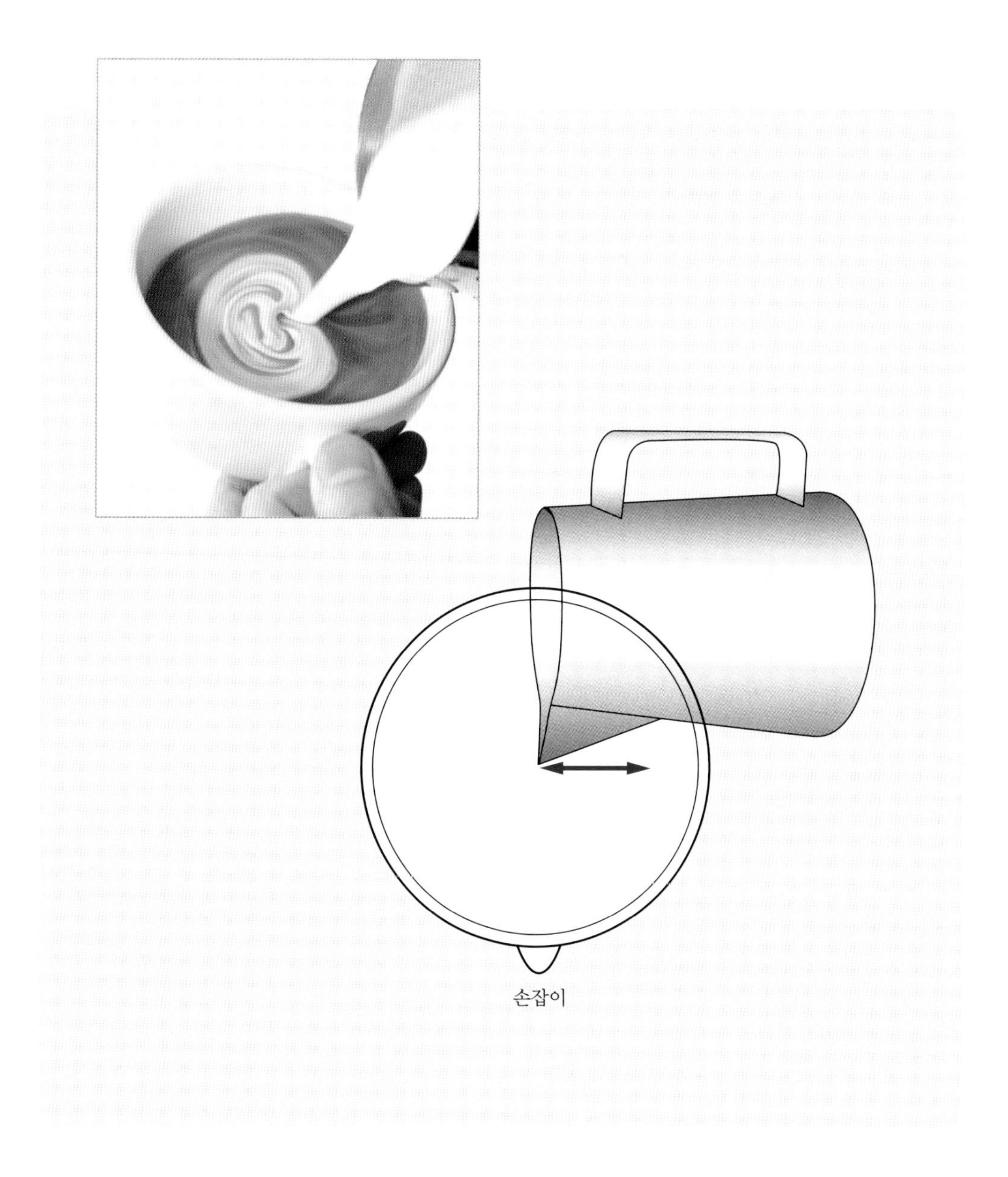

■ 로제타 3-1단계 (잔과 스팀피처의 기울기)

❶ 스팀피처는 5도를 유지하면서 우유를 붓고, 잔은 10도 기울인다.

❷ 스팀피처를 잔의 중간 부분에 놓고 진행한다.

❸ 하얀색 무늬가 형성되면 그 상태로 뒤로 후진한다. 각도는 그대로 유지한다.

- 붓는 양의 굵기는 1~1.5cm이다.

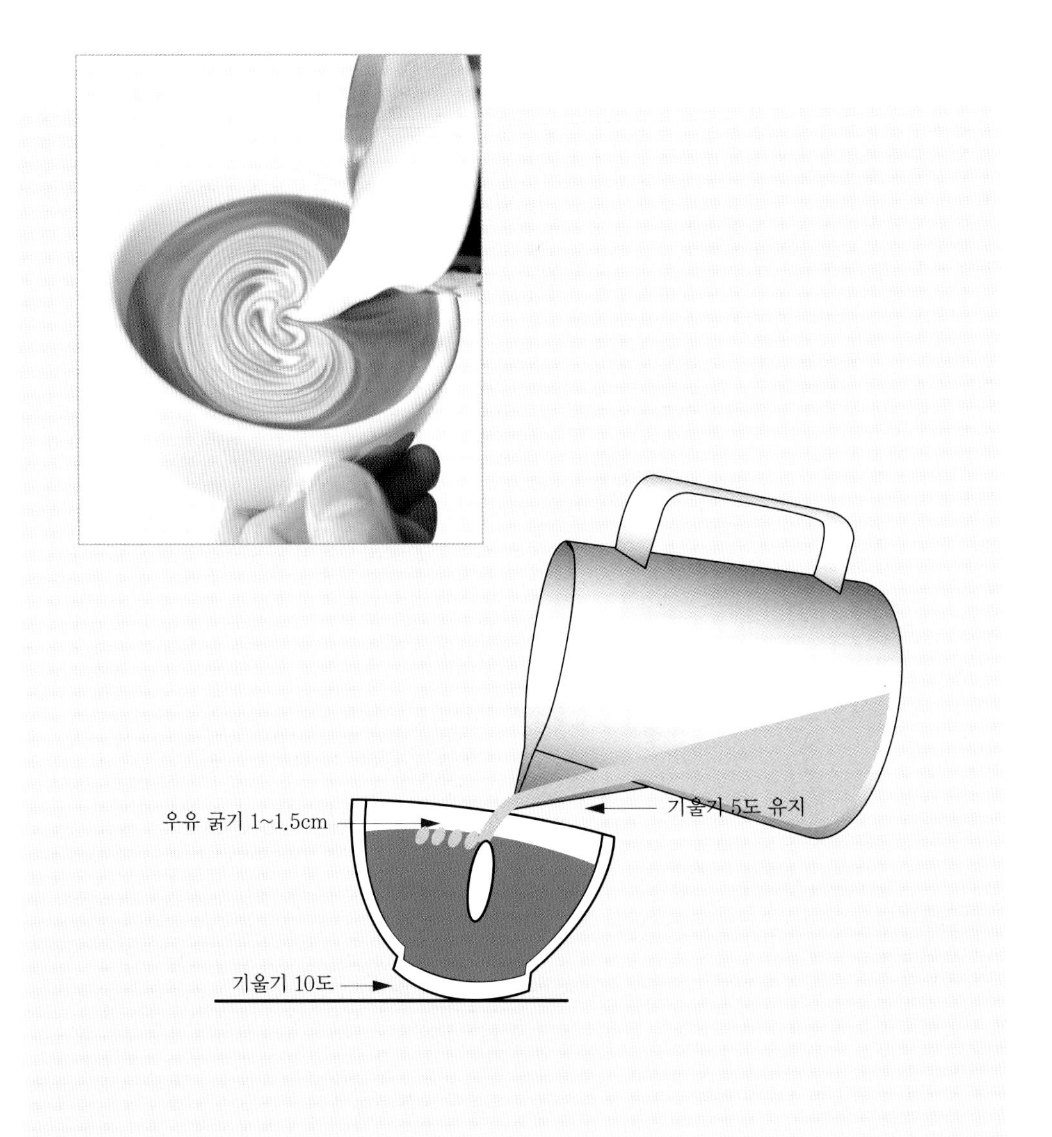

■ 로제타 3-2단계 (스팀피처의 위치)

❶ 스팀피처는 10도 이상 기울여 우유를 붓고, 잔은 10도 기울인다.

❷ 스팀피처는 잔의 가운데 부분까지 이동하면서 핸들링은 일정하게 유지시킨다.

❸ 잔에 우유의 양이 90% 채워진 상태이다.

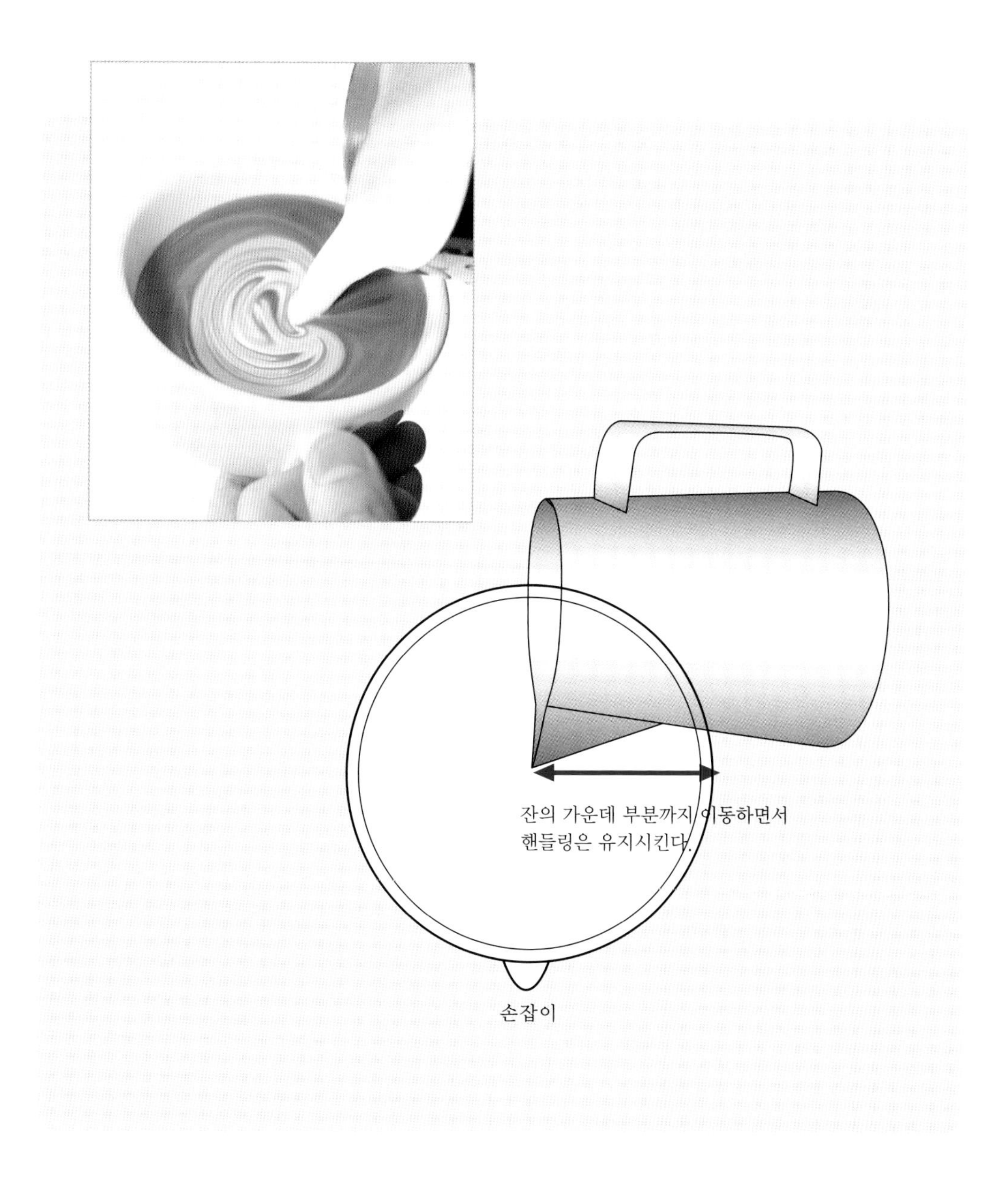

■ 로제타 4단계 (잔과 스팀피처의 기울기)

❶ 스팀피처는 5도를 유지하면서 우유를 붓고, 잔은 5도 기울인다.

❷ 하얀색 무늬가 형성이 되면 그 상태로 뒤로 후진한다. (빠르게 이동한다.)

❸ 너무 많이 흔들어 주면 하얀색 무늬가 뭉치게 된다. 각도는 그대로 유지한다.

- 붓는 양의 굵기는 1~1.5cm이다.

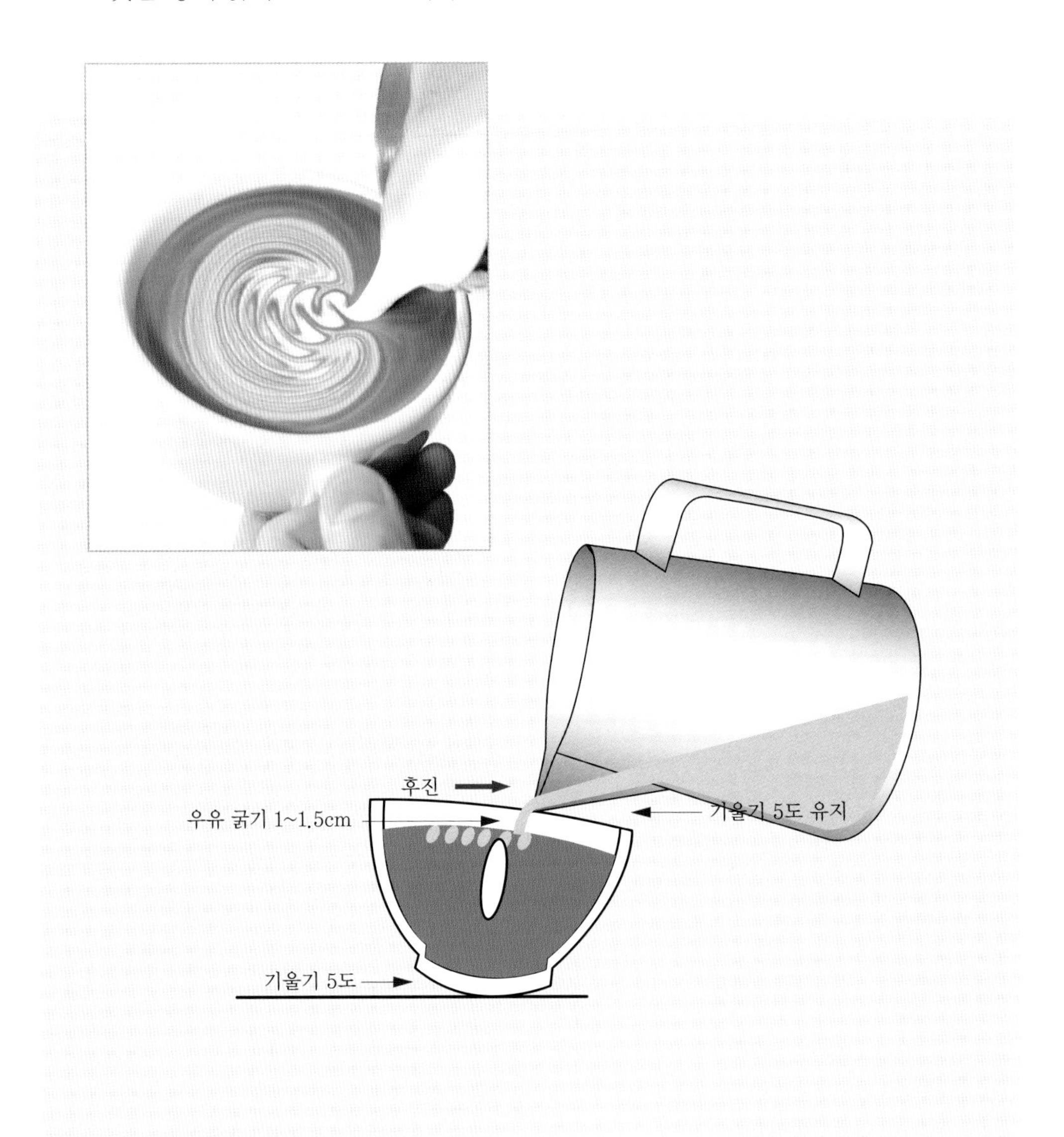

■ 로제타 5단계 (잔과 스팀피처의 기울기)

① 스팀피처는 5도를 유지하면서 우유를 붓고, 잔은 5도 기울인다.

② 하얀색 무늬가 형성이 되면 그 상태로 뒤로 계속 후진한다. (빠르게 이동한다.)

③ 너무 많이 흔들어 주면 하얀색 무늬가 뭉치게 된다. 각도는 그대로 유지한다.

- 붓는 양의 굵기는 1~1.5cm이다.

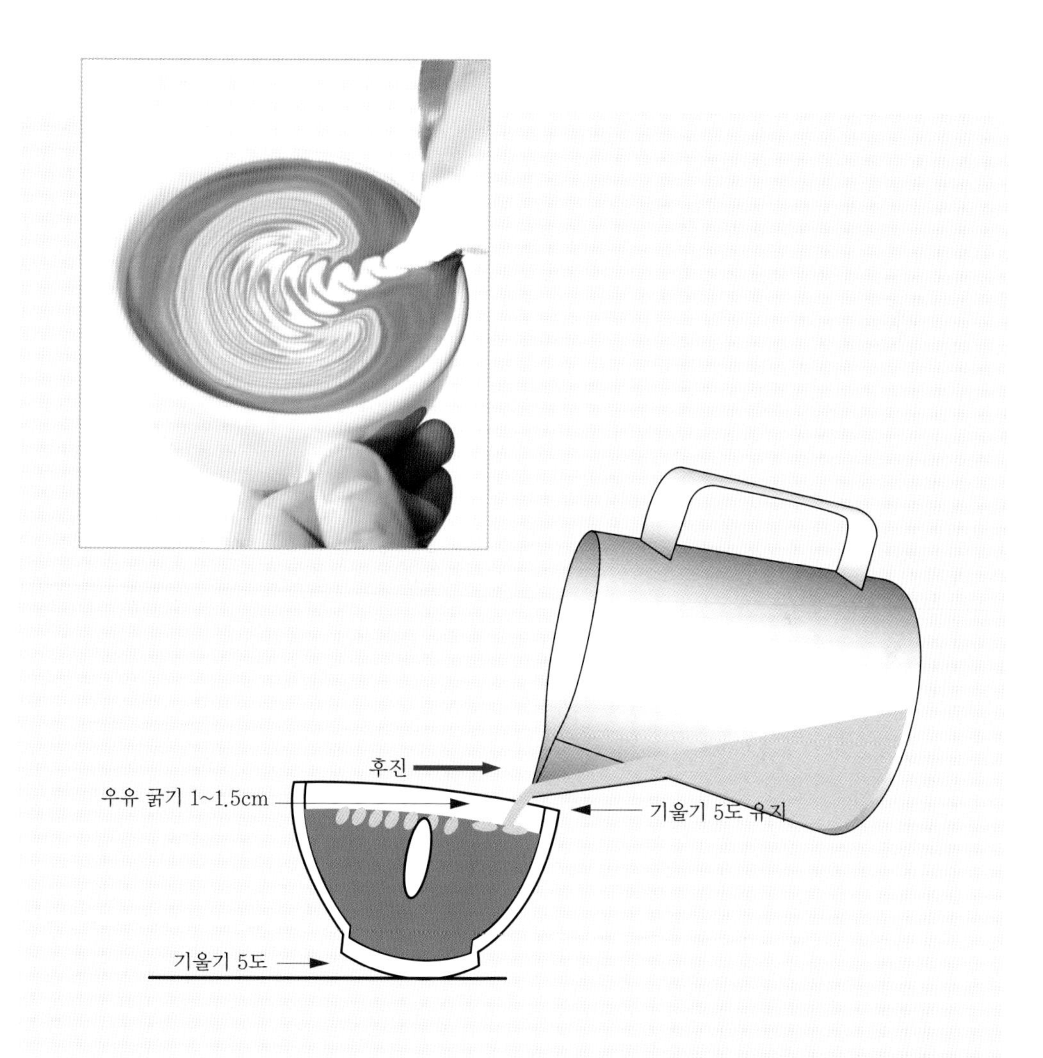

■ 로제타 6단계 (잔과 스팀피처의 기울기)

❶ 스팀피처는 5도를 유지하면서 우유를 붓고, 잔은 수평 상태이다.

❷ 하얀색 무늬가 형성이 되면 그 상태로 뒤로 계속 후진한다. (빠르게 이동한다.)

❸ 너무 많이 흔들어 주면 하얀색 무늬가 뭉치게 된다. 각도는 그대로 유지한다.

- 붓는 양의 굵기는 1~1.5cm이다.

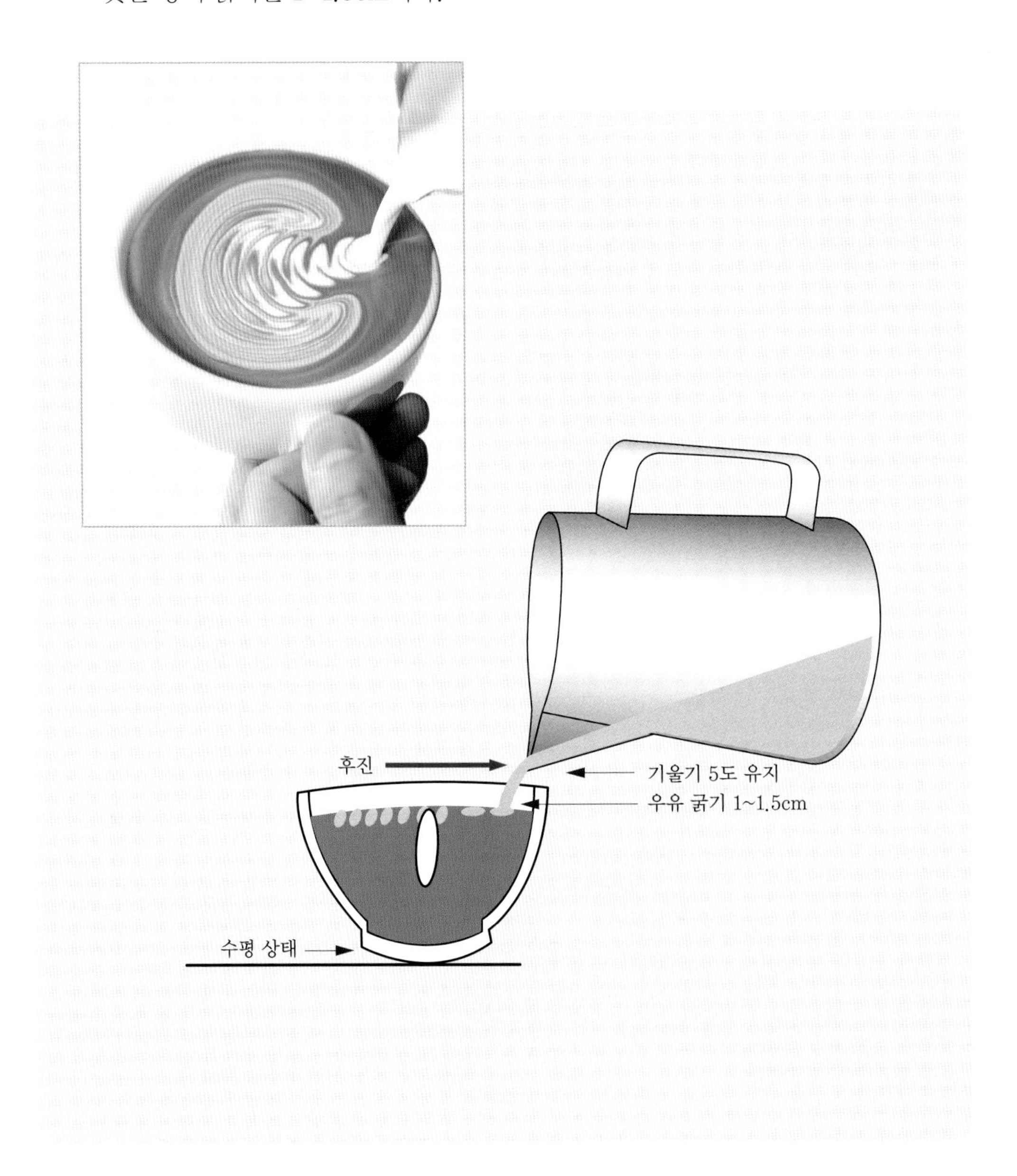

■ 로제타 7단계 (잔과 스팀피처의 기울기)

❶ 스팀피처는 5도를 유지하면서 우유를 붓고, 잔은 수평 상태이다.

❷ 로제타(나뭇잎)의 줄기를 만들어 준다.

❸ 뒤로 움직이면서 잎이 완성되면 스팀피처를 위로 올려준다. (천천히 이동한다.)

– 붓는 양의 굵기는 0.5~1cm이다.

■ 로제타 8단계 (잔과 스팀피처의 기울기)

❶ 스팀피처는 5도를 유지하면서 우유를 붓고, 잔은 수평 상태이다.

❷ 스팀피처를 5cm 정도 높이를 유지하면서 남쪽 끝 부분에서 북쪽 방향으로 이동한다.

- 붓는 양의 굵기는 0.5~1cm이다.

❸ 로제타 만들기를 마무리해 준다.

5. 실전 라떼아트 로제타 (모양이 생기는 원리)

■ 로제타 1단계

① 스팀피처를 잔에 살짝 올려 놓으면서 우유 붓는 양을 늘려준다.

② 스팀피처를 잔의 중간 부분에 놓고 시작한다.

③ 스팀피처는 잔에 살짝 올린 채 잔 안쪽으로 10도 정도 기울이면서 좌우로 흔들어 준다.

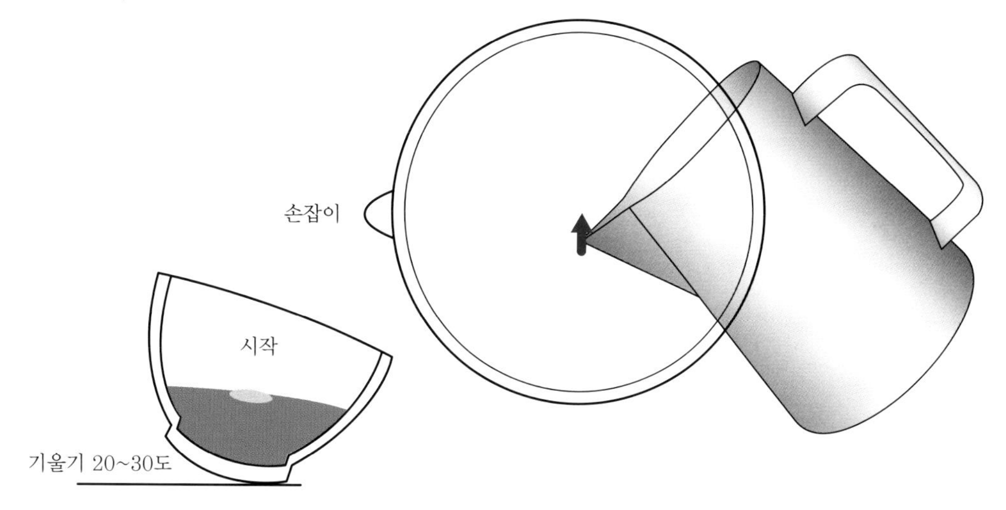

■ 로제타 2단계

❶ 스팀피처는 10도 정도 기울여 우유를 붓고, 잔은 20~30도 기울린다.

❷ 스팀피처를 잔에 살짝 올려 놓으면서 우유 붓는 양을 늘려준다.

❸ 우유로 인해 표면에 하얀색 무늬가 형성된다.

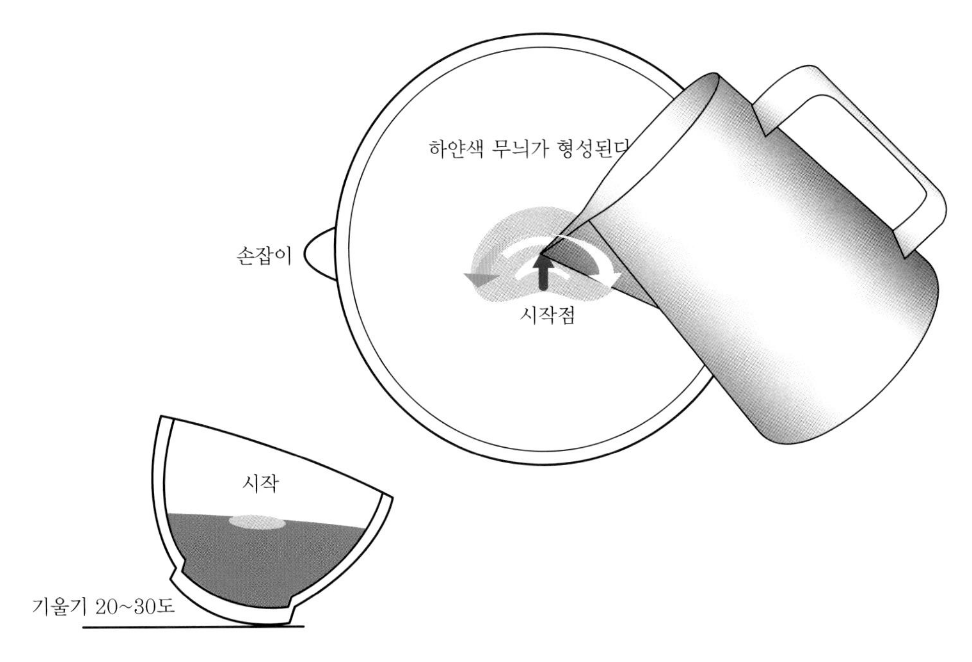

■ 로제타 3단계

❶ 스팀피처는 10도 정도 기울여 우유를 붓고, 잔은 20~30도 기울린다.

❷ 스팀피처를 좌우로 흔들어 주면서 잔에 우유 붓는 양을 늘려주고 스팀피처를 앞으로 전진시킨다.

❸ 하얀색 무늬가 연속적으로 그려지면서 반원이 형성된다.

■ 로제타 4단계

❶ 스팀피처는 10도 정도 기울여 우유를 붓고, 잔은 10~20도 기울린다.

❷ 스팀피처를 좌우로 흔들어 주면서 잔에 우유 붓는 양을 늘려주고 스팀피처를 계속 앞으로 전진시킨다.

❸ 반원이 점점 커지는 순간까지 우유 붓는 양을 늘리면서 스팀피처를 흔들어 준다.

■ 로제타 5단계

❶ 스팀피처는 10도 정도 기울여 우유를 붓고, 잔은 10~20도 기울린다.

❷ 하얀색 무늬가 물결을 이루면서 원이 그려지면 스팀피처를 뒤로 이동시킨다.

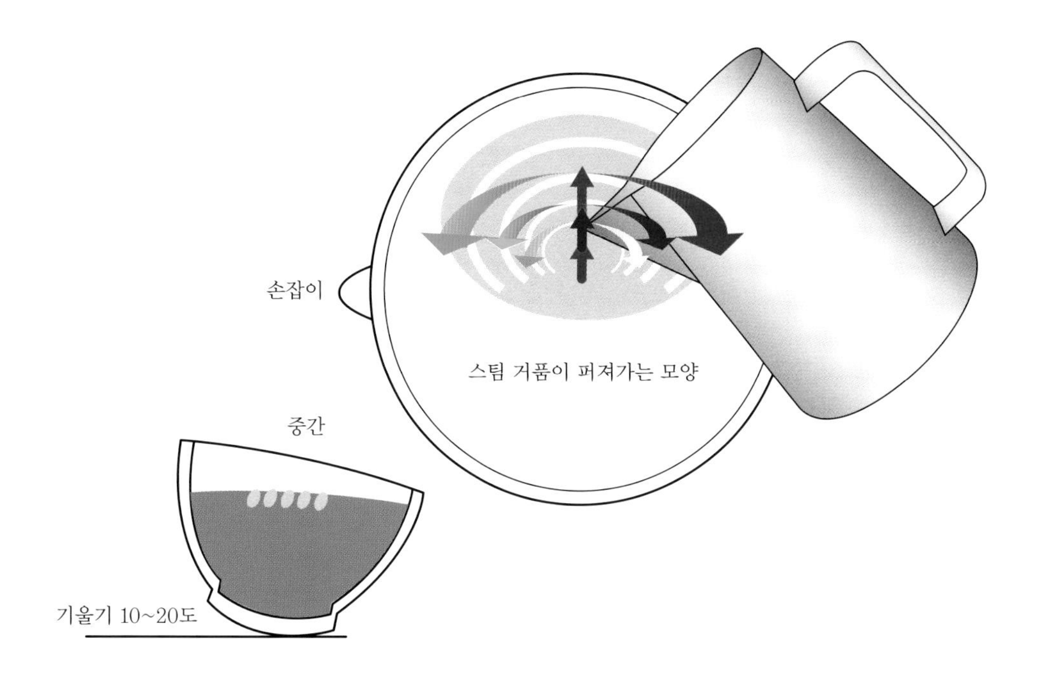

■ 로제타 6단계

① 스팀피처는 10도 정도 기울여 우유를 붓고, 잔은 5도를 유지한다.

② 스팀피처를 너무 많이 흔들지 않으면서 천천히 뒤로 이동한다.

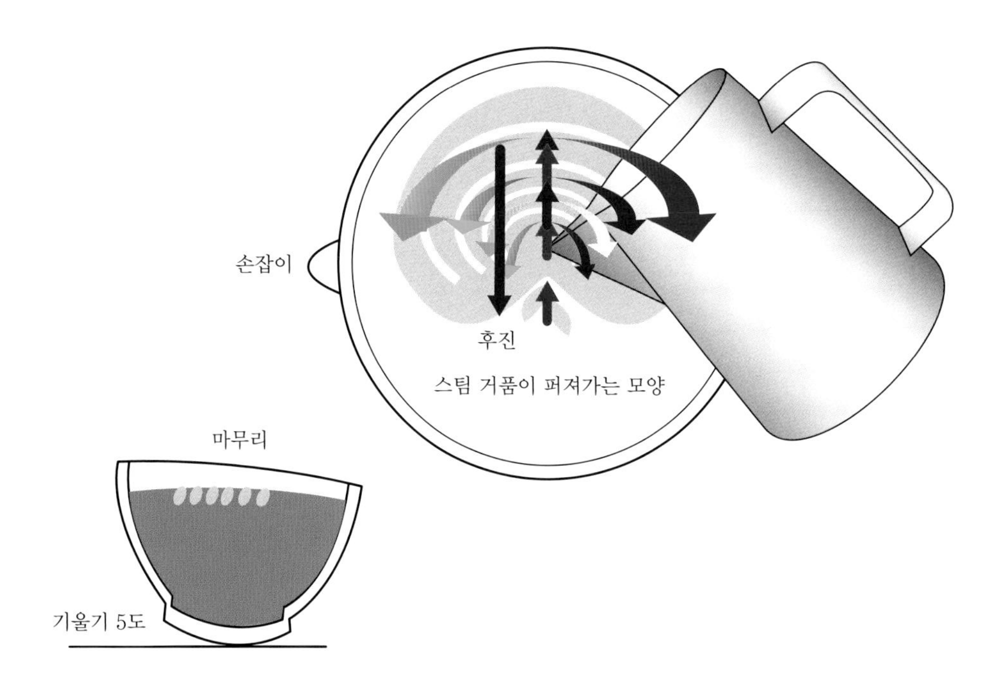

■ 로제타 7단계

➊ 스팀피처는 5도 정도 기울여 우유를 붓고, 잔은 5도를 유지한다.

➋ 스팀피처를 너무 많이 흔들지 않으면서 천천히 뒤로 계속 이동한다.

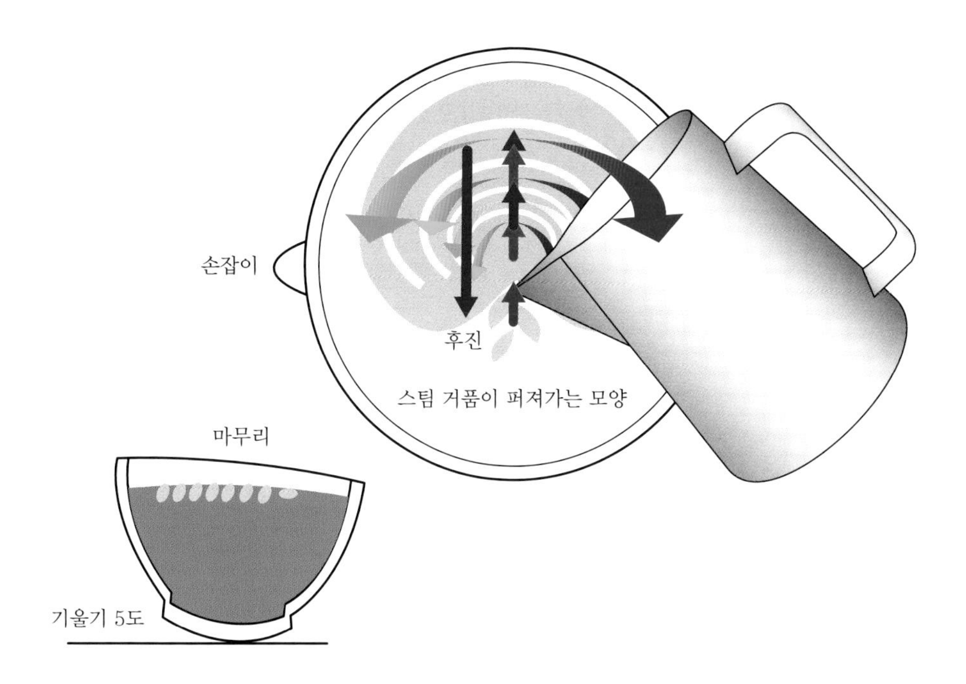

■ 로제타 8단계

① 스팀피처는 5도 정도 기울여 우유를 붓고, 잔은 5도를 유지한다.

② 스팀피처를 너무 많이 흔들지 않으면서 천천히 뒤로 계속 이동한다.

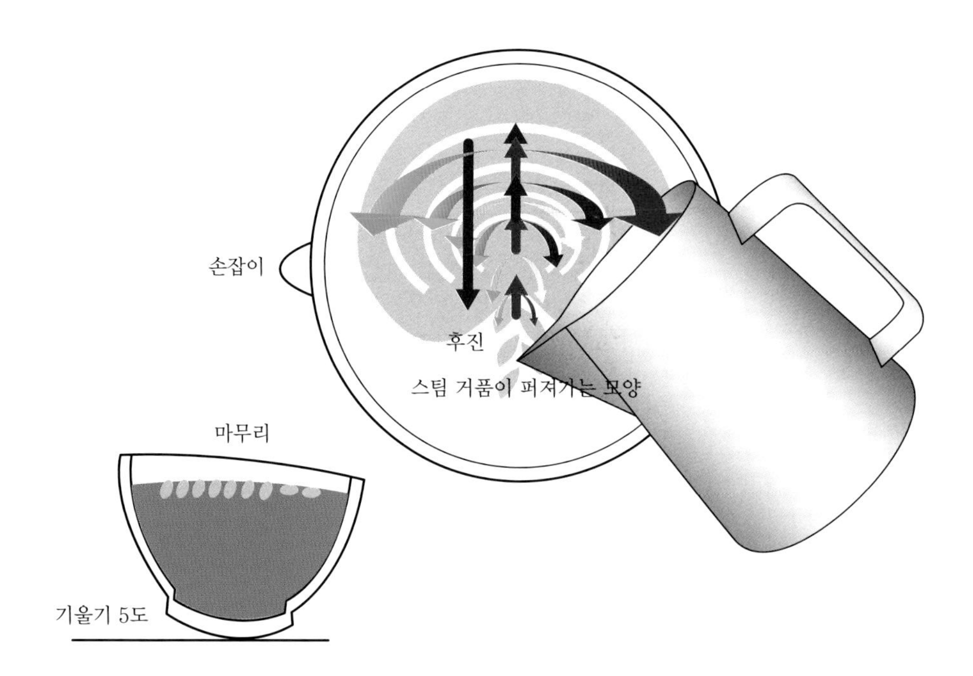

■ 로제타 9단계

❶ 스팀피처는 5도 정도 기울여 우유를 붓고, 잔은 0도를 유지한다.

❷ 잔의 남쪽 부분에서 스팀피처를 위로 올려 들고 북쪽을 향해 전진하여 나뭇잎 줄기를 완성한다.

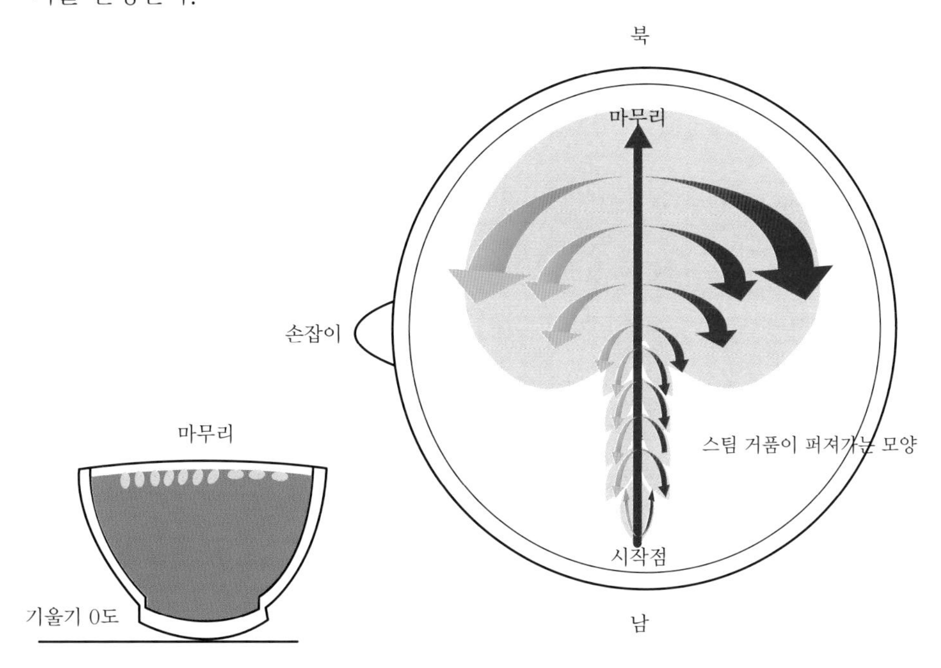

Part 04
라떼아트 만들기

01 Ring Heart

링 하트

연속 붓기 동작과 핸들링에 의한 링 하트

더블 하트

하트의 응용 기술인 더블 하트 붓는 양의 조절과 스팀피처의 위치가 중요하다.

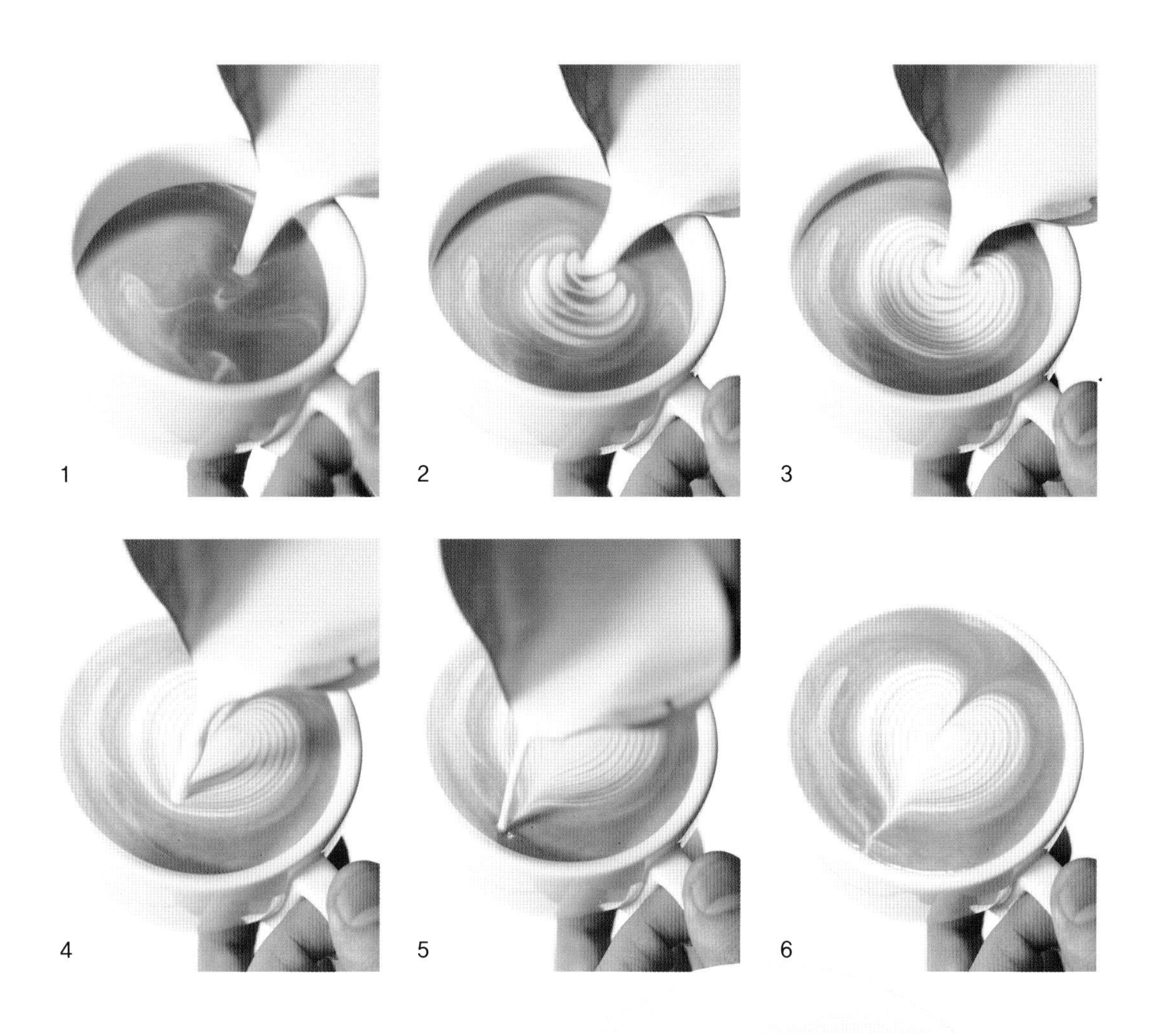

핸들링 방향(각도)에 따라 하트의 크기가 달라진다.
붓는 양을 증가시키면 하트의 모양이 커지게 된다. 이때 너무 많은 양을 붓는 경우 하트의 라인이 아래쪽으로 내려와서 하트의 모양이 바르지 않게 된다.

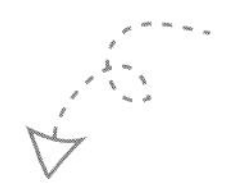

분홍색 튤립
(우유에 딸기가루 첨가)

02
Tulip
튤 립

자유 붓기 방식의 변형 라떼아트로 붓는 동작과 위치, 일정한 핸들링이 완벽한 모양의 튤립을 만들어 준다.

더블 튤립

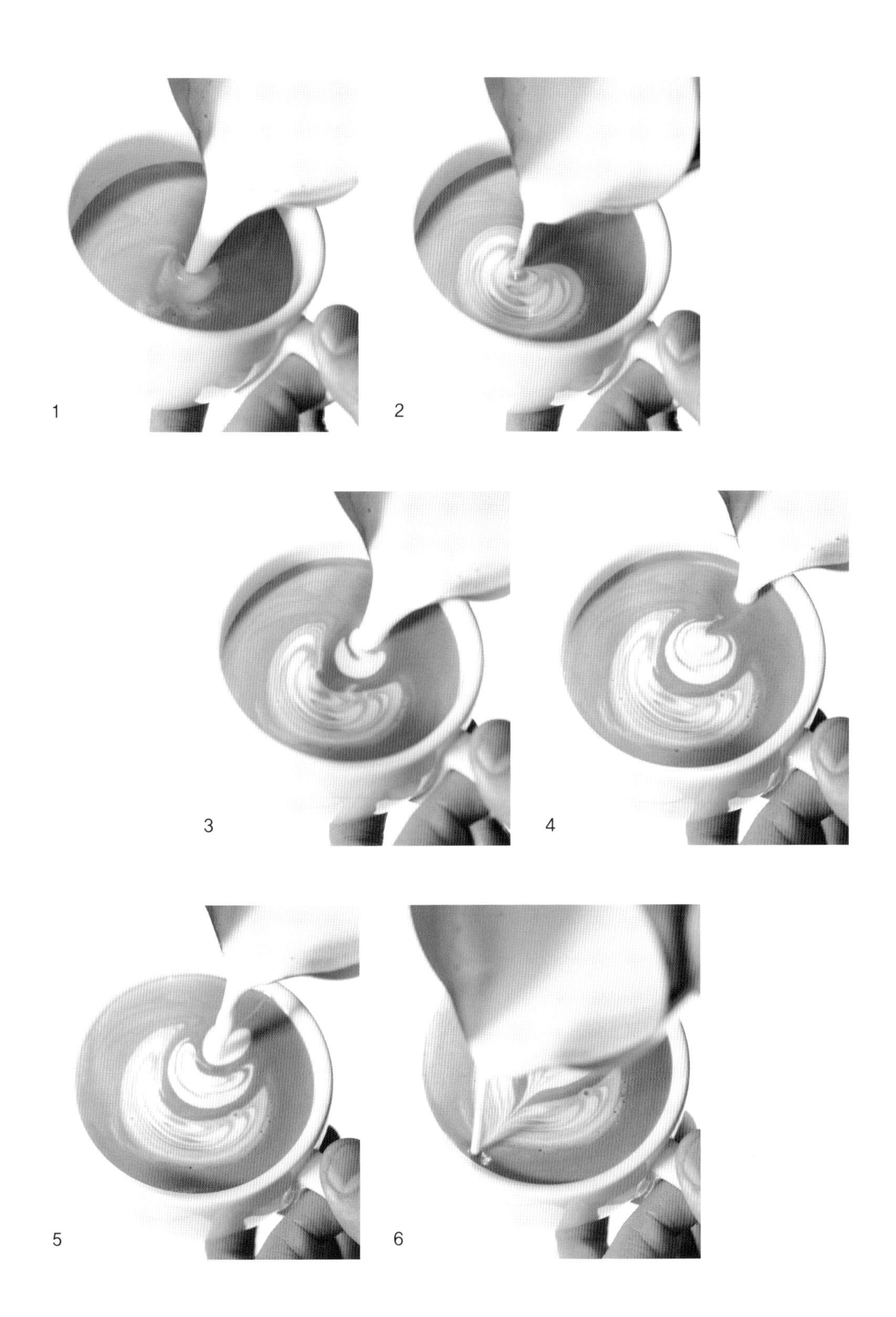
1
2
3
4
5
6

03 Whirl the Latte Art 프리퓨어링

월계수 잎을 만드는 라떼아트 핸들링과
하트를 결합한 라떼아트

프리퓨어링

작은 하트와 큰 하트의 붓는 양을 조절하는 라떼아트
처음 잔의 상단 부분에 조그만 하트를 만들고 하트
아랫부분에 큰 하트를 만들면서 완성한다.

사 과

04
Rosetta
로제타

1 2 3

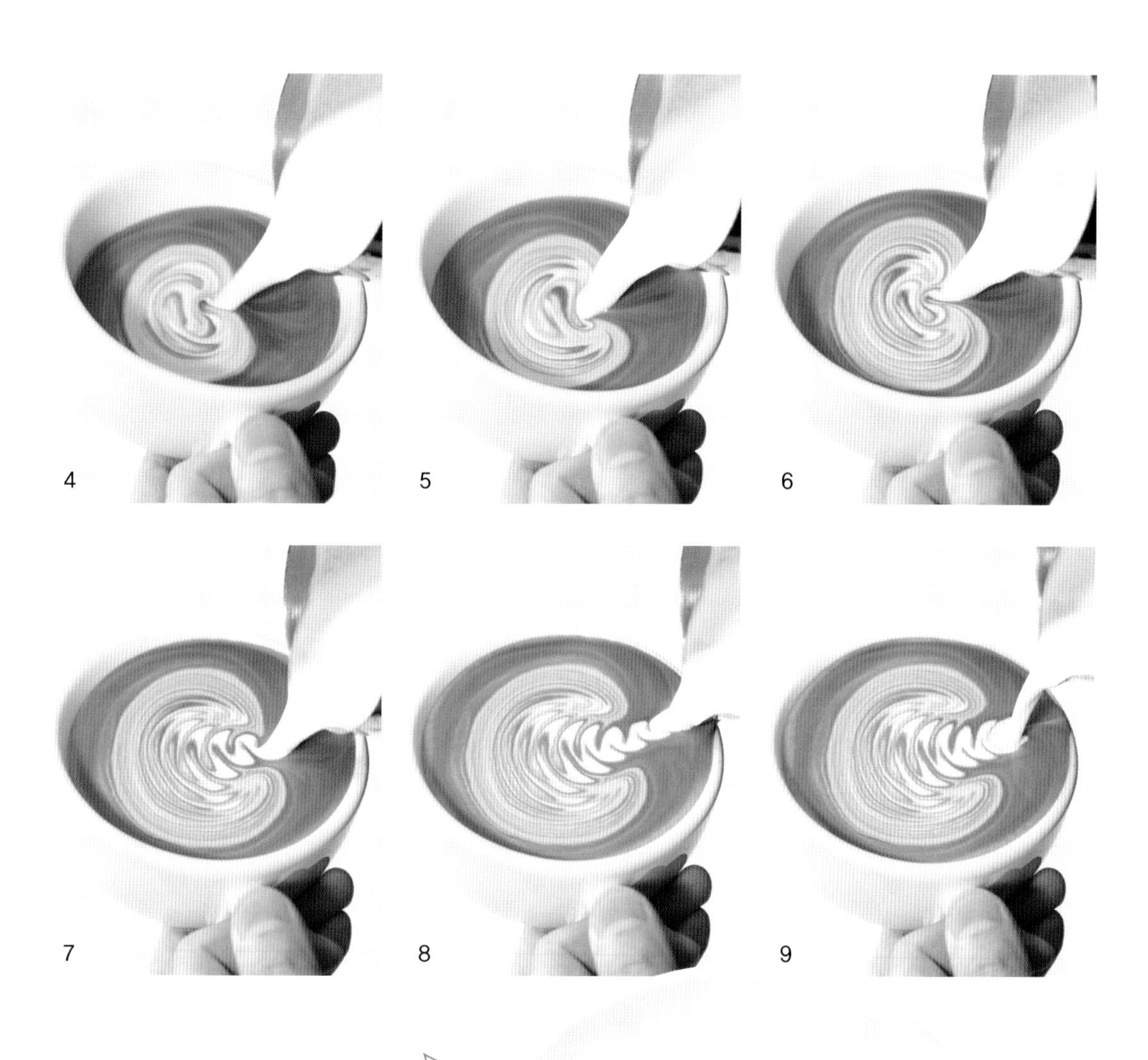

컬러 로제타

로제타는 핸들링과 붓는 방법의 조화가 중요하다. 연속 동작의 핸들링 연습으로 일정한 라인을 만들 수 있다.
나뭇잎을 만들려고 스팀피처를 움직이지 말고 스팀피처의 붓는 양에 의해서 나뭇잎을 만든다.

1
2

05
Seven pouring tulip
세븐 퓨어링 튤립

자유 붓기 방식의 가장 어려운 단계로서 붓는 양과 스팀피처를 일정하게 앞으로 밀어주면서 라인을 만드는 라떼아트이다.
처음 시작 단계에서 하얀색 띠가 만들어지지 않더라도 반복적으로 부어주면 만들어진다.

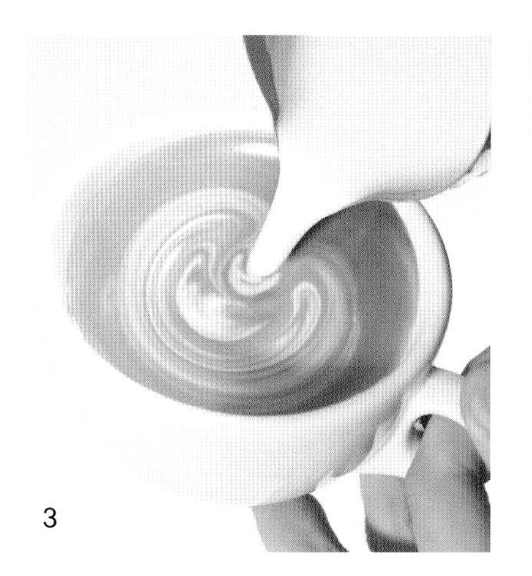
3

4

5

6

7

8

06 Rosetta the Latte Art

하트를 먼저 만들고 나뭇잎을 2개 만들어 준다. 이때 스팀피처 안의 벨벳밀크의 양이 충분히 있어야 한다.

하트와 더블 나뭇잎

나뭇잎과 에칭의 조화로, 먼저 나뭇잎을 만들고 그 옆에 원을 만든 후 에칭 도구를 이용하여 바람개비를 만든다.

로제타와 별

07 Radish

순 무

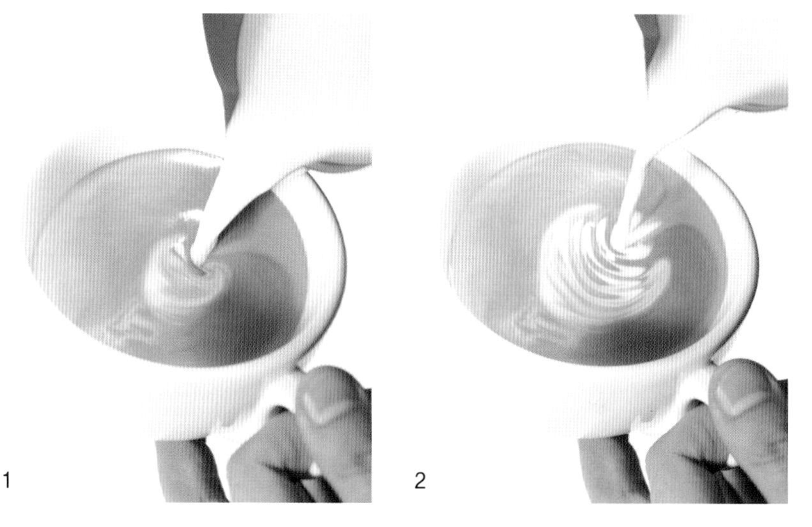

1 2

나뭇잎과 하트의 조화로 만든 라떼아트
나뭇잎을 먼저 만들어주고 아랫부분에 하트를 만들어준다. 이때 하트의 붓는 양에 주의해야 한다. 붓는 양이 너무 많으면 잎부분이 사라진다.

3
4
5
6

08
Swan
백 조

나뭇잎 2개와 프리퓨어링을 활용한 라떼아트
먼저 나뭇잎을 만들고 가운데 줄기를 만들지 않고 다시 나뭇잎을 만들어 백조의 날개를 생동감 있게 표현한다.

1

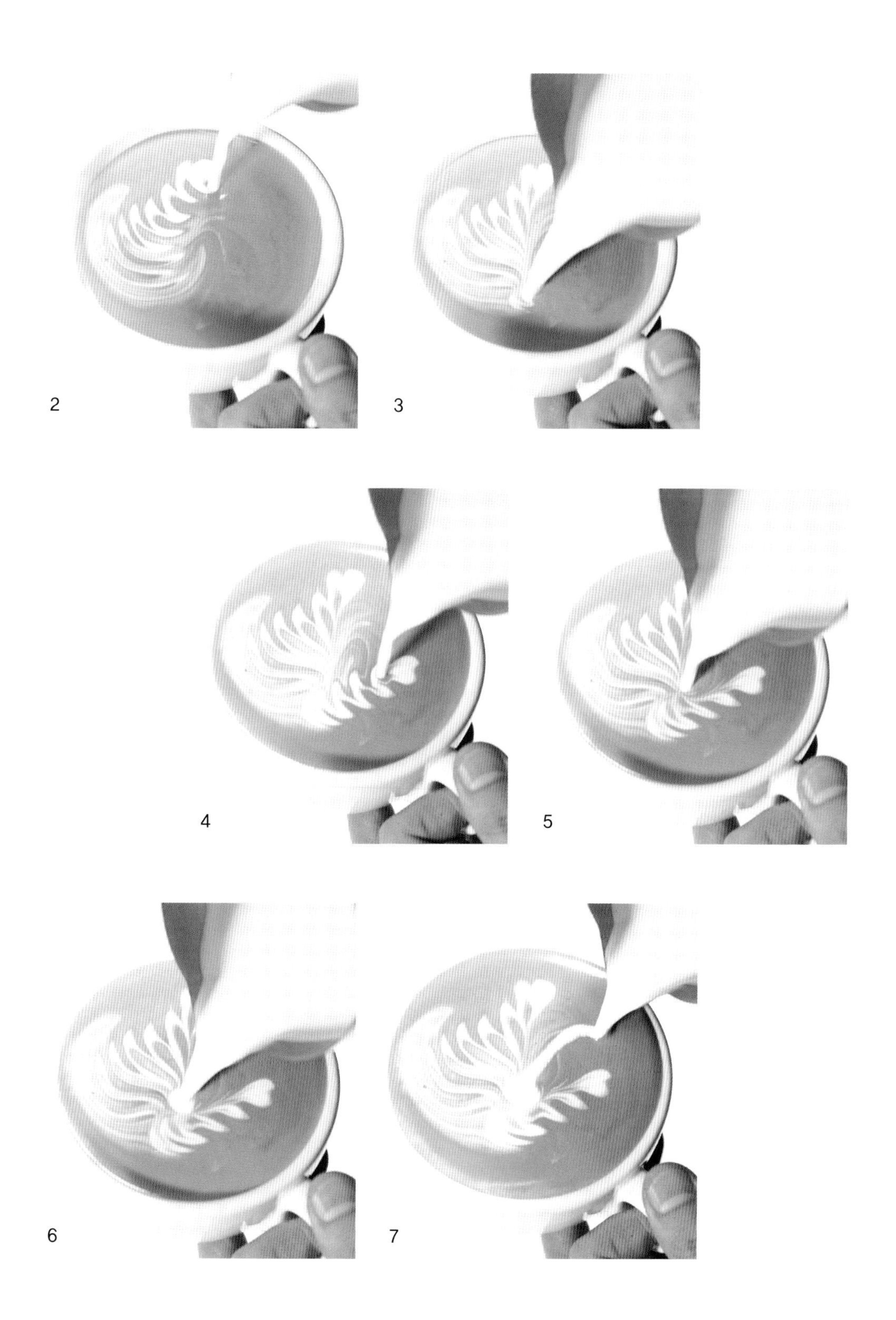
2
3
4
5
6
7

09 Heart in heart

하트 인 하트

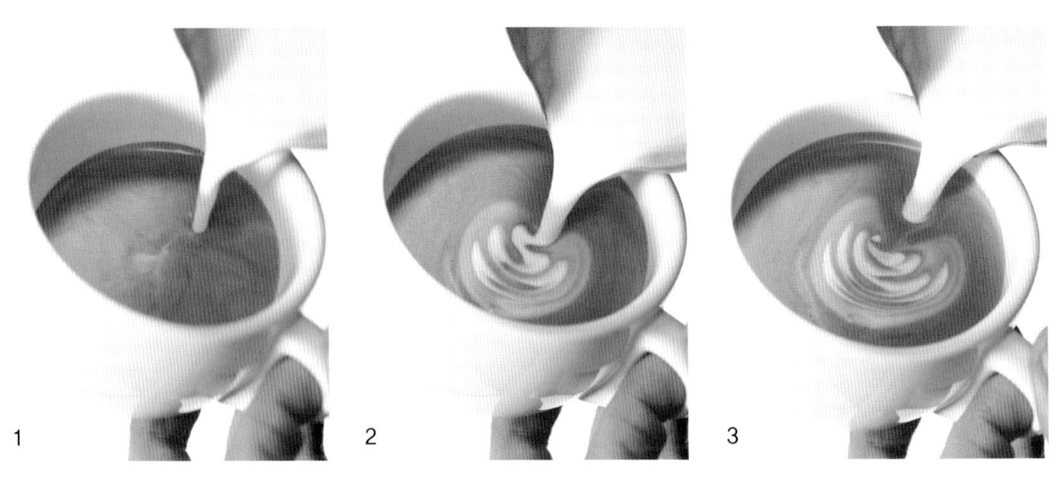

하트와 하트를 응용한 라떼아트
하트를 만들어준 상태에서 다시 가운데 부분부터 하트를 만들어준다.
두 번째 하트의 크기를 너무 크게 만들면 첫 번째 하트의 모양이 사라지거나 얇아지므로 주의한다.

2. 도구를 이용한 라떼아트 (에칭)

창업 시 라떼아트가 훈련되지 않은 바리스타나 커피를 처음 배우는 사람들도 이용할 수 있는 에칭 도구이다.

■ 크레마 안정을 이용한 라떼아트

크레마를 잔의 90%까지 부어주고 잔을 회전시키면 잔 가장자리 부분의 색이 변하게 된다. 가장자리 색과 내부의 색의 차이를 이용한 라떼아트이다.

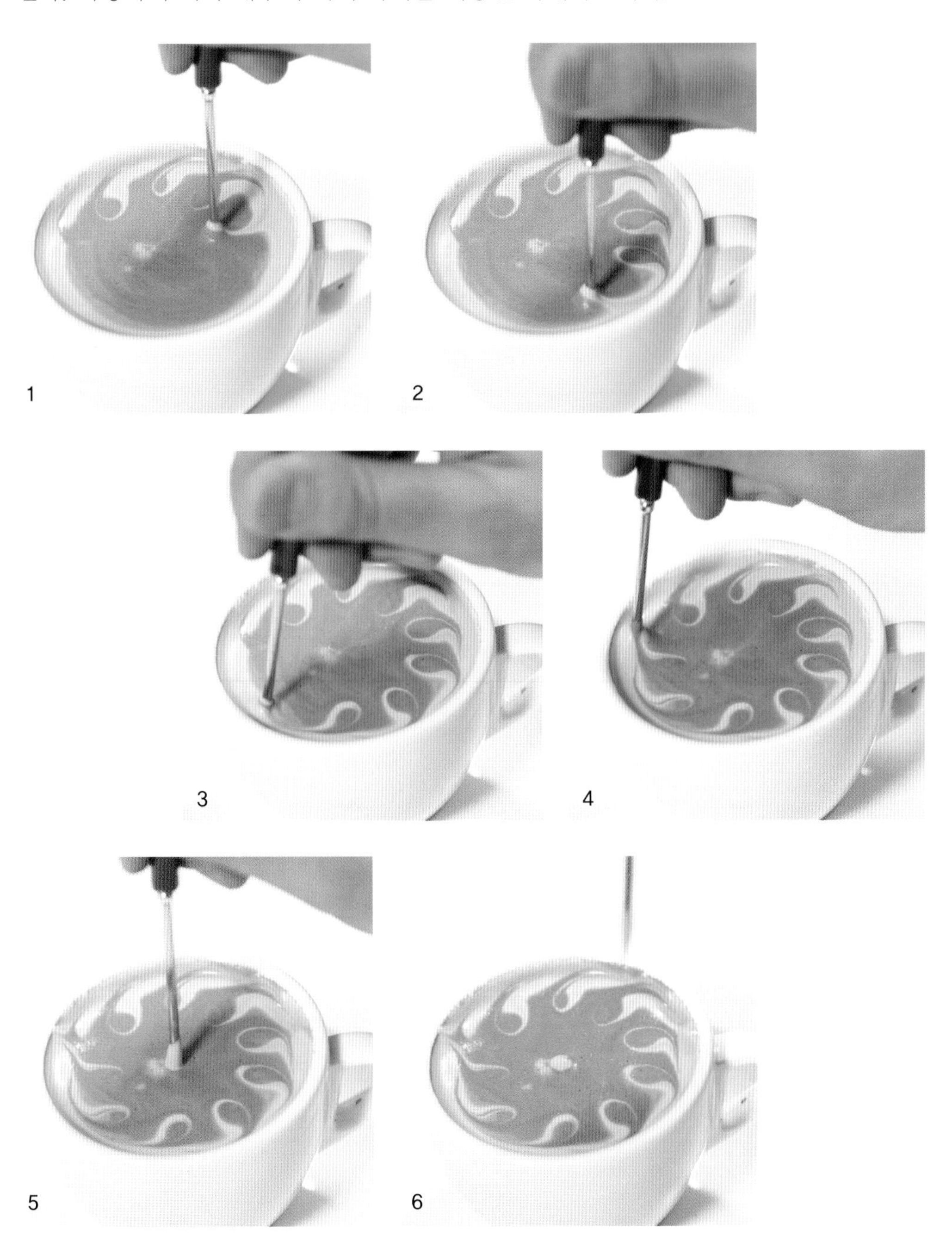

The Latte Art 에칭 응용

스푼과 에칭 도구를 이용한 라떼아트

소 국

별

■ 디자인 하트와 별

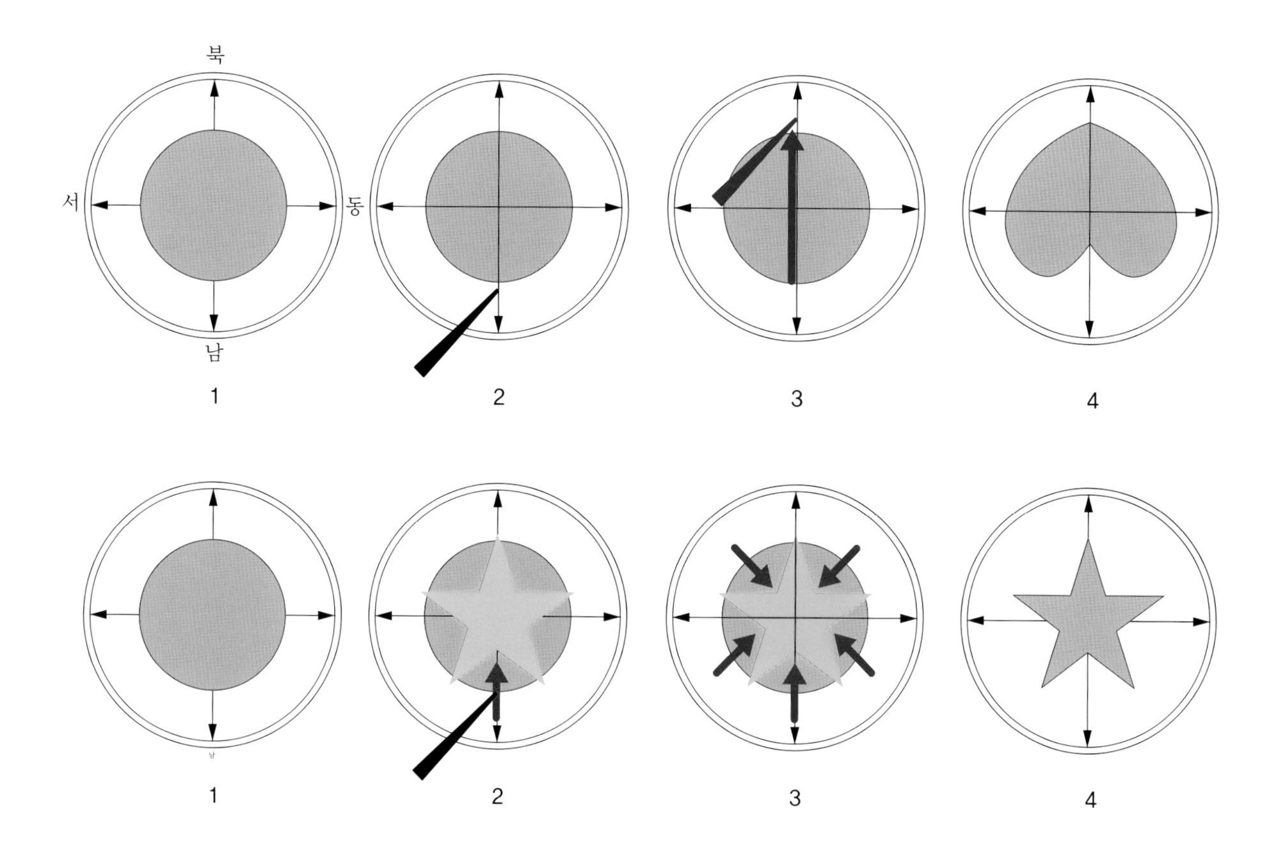

[도구를 활용한 하트와 별]

1. 크레마를 깨끗하게 90% 이상 채워준다.(119쪽 그림 참조)
2. 스푼을 이용해서 잔의 가운데 부분에 하얀색 우유 거품을 올려준다.
3. 에칭 도구를 이용하여 원하는 그림을 그려준다.
4. 라떼아트가 완성된 모양이다.

The Latte Art 에칭 응용

곰

하트와 스푼을 이용한 라떼아트
하트를 크게 만든 후 스푼으로 우유 거품을 떠서 귀를 만들어주고 크레마를 이용해서 눈과 코, 입을 그려준다.

아기곰

하트를 길게 퓨어링한 라떼아트
하트를 만들 때는 천천히 전진하지만 토끼 귀를 만들
때는 빠르게 앞으로 전진하면서 부어준다.

토 끼

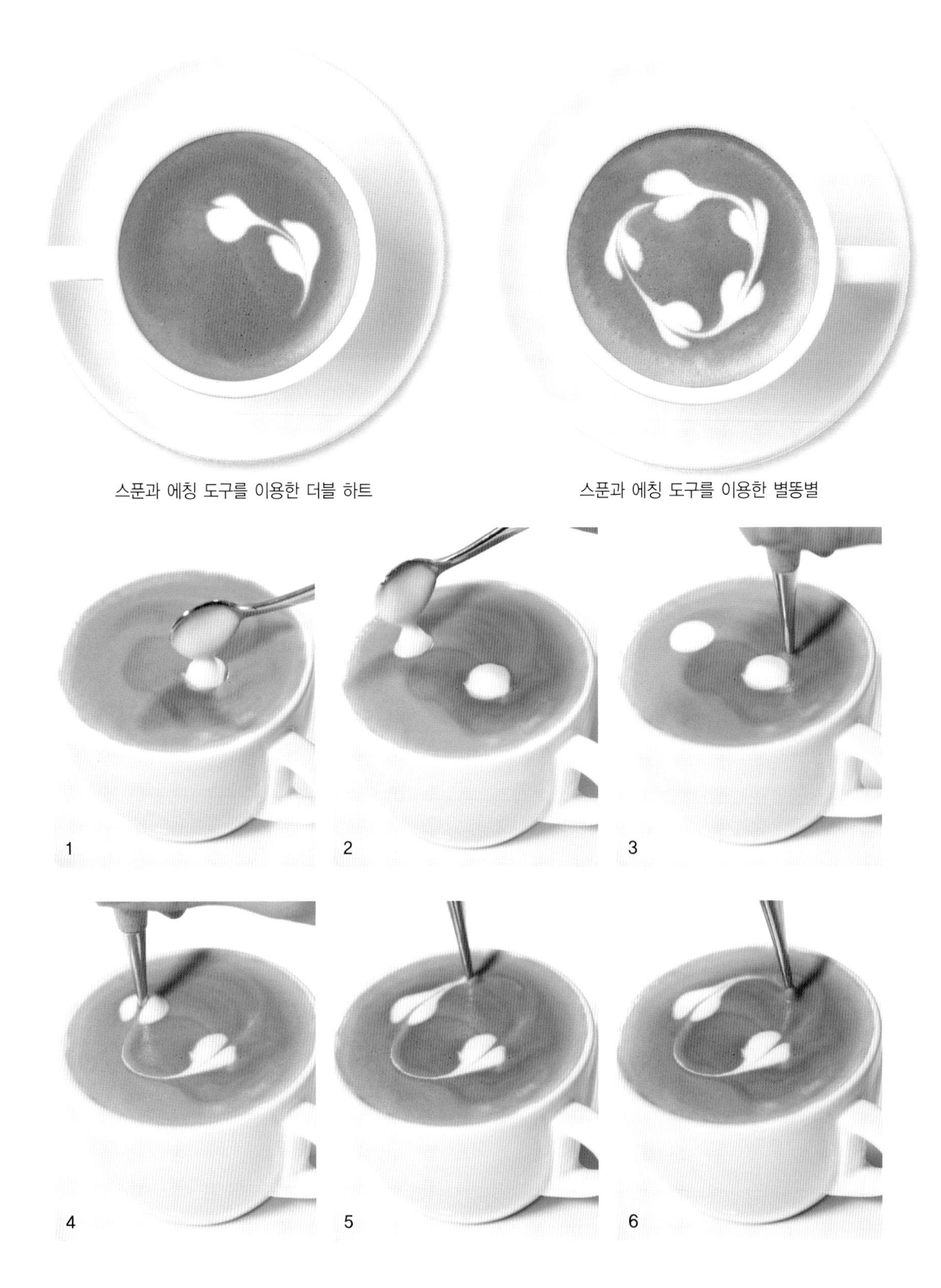

스푼과 에칭 도구를 이용한 더블 하트

스푼과 에칭 도구를 이용한 별똥별

Etching 에칭 응용

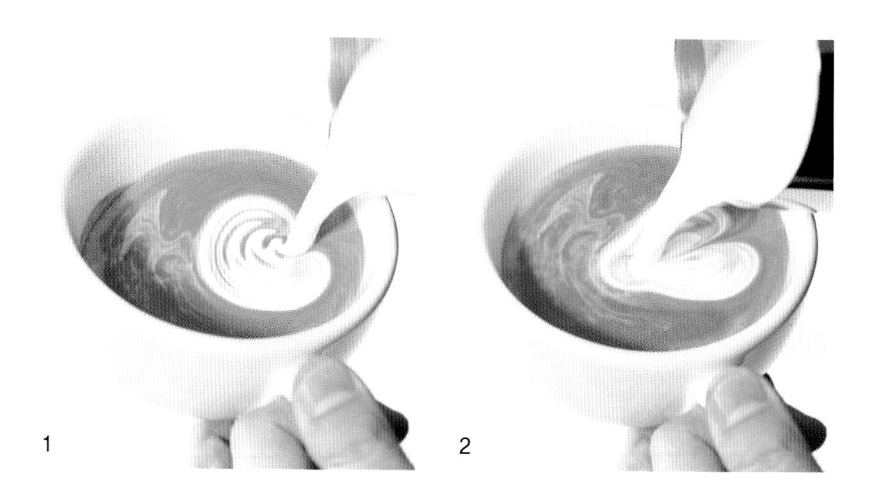

Etching

에칭 응용

더블 하트 후 에칭 도구로 만든 물고기 라떼아트

더블 하트를 완성한 후 에칭 도구를 이용하여 키싱 구라미를 완성한다. 더블 하트가 어려울 경우 스푼으로 원을 2개 만든 후 에칭 도구를 사용하여 완성한다.

키싱 구라미

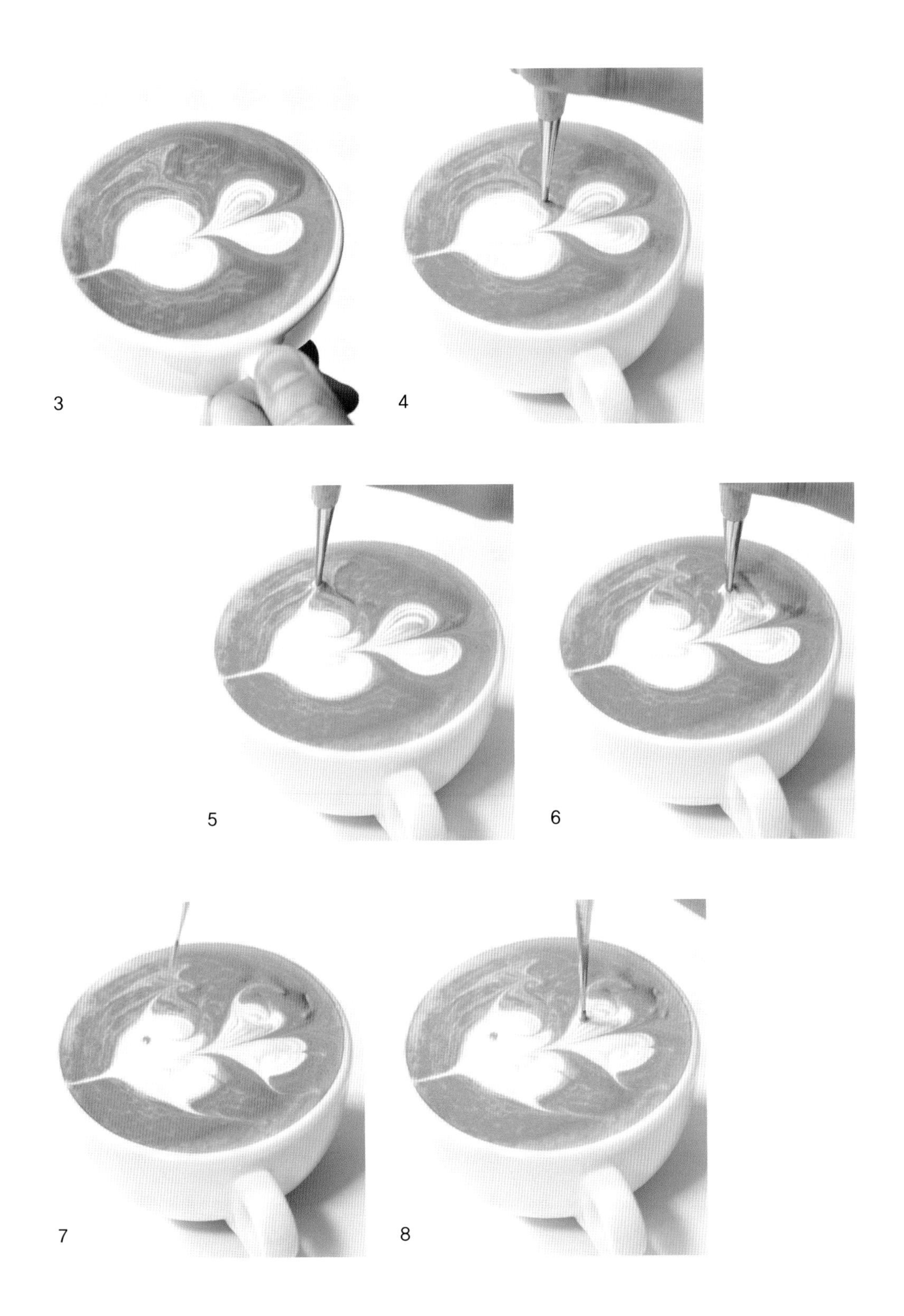
3
4
5
6
7
8

Etching - the Latte Art

용

나뭇잎과 프리퓨어링, 에칭을 이용한 라떼아트

별

하트와 에칭을 이용한 라떼아트

꽃

튤립와 에칭을 이용한 라떼아트

인디언
나뭇잎 변형 방법과 에칭 도구를
이용한 라떼아트

사람
하트와 스푼을 이용한 라떼아트

순무
하트와 에칭 도구을 이용한 라떼아트

Etching - the Color Latte Art

나비
컬러 하트와 에칭 도구를 이용한 라떼아트

아트 플라워
스푼과 에칭 도구를 이용한 라떼아트

아이 얼굴

에칭 도구를 이용한 컬러 라떼아트

모카포트 라떼아트

체즈베 라떼아트

LatteArt Gallery 라떼아트 갤러리

LatteArt Gallery 라떼아트 갤러리

LatteArt Gallery 라떼아트 갤러리

Part 05

부 록

여러 가지 결점 두

여러 가지 결점 두

전체 검은 결점 두

발생 원인 : 너무 많이 성숙한 체리를 수확하거나 바닥에 떨어진 너무 익은 체리를 수확한 경우에 발생된다. **맛의 영향** : 커피 맛에 해로운 영향을 끼치며 맛에 대한 결점이 심하다. 발효맛, 담배맛, 곰팡이맛, 신맛, 석탄맛 **외관적인 조건** : 전체적으로 콩의 표면이 50% 이상 검거나 매우 어두운 색을 나타낸다.

전체 붉은 결점 두

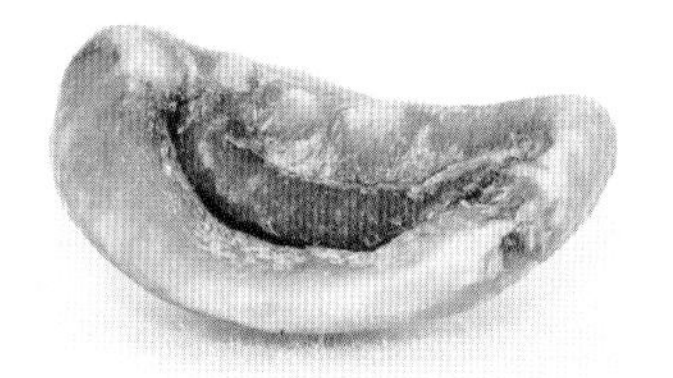
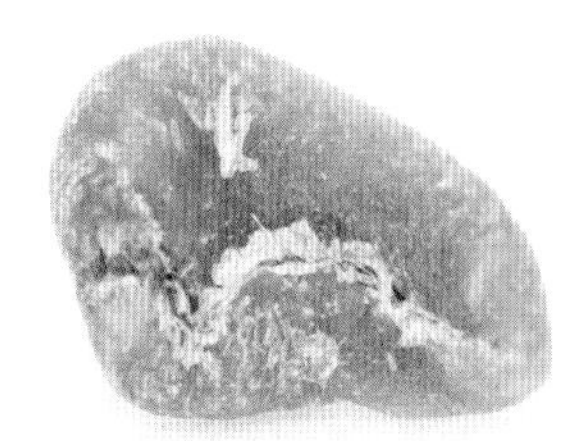

발생 원인 : 수확 후 체리 상태에서 껍질을 제거하는 시간이 너무 길거나 또는 너무 높은 습도하에서 저장하면 생기기도 하고, 너무 익은 열매의 발효가 천천히 진행되는 경우에도 생긴다. **맛의 영향** : 신맛, 발효맛, 담배맛, 발효 정도에 따라 다르다. **외관적인 조건** : 전체적으로 콩의 50% 이상이 노란색이나 옅은 붉은빛, 어두운 갈색이다. 적갈색을 띠기도 한다.

건조된 체리

발생 원인 : 건식 건조 방식에서 외피가 사전에 제거되므로 일어날 가능성이 적지만 열매가 작을 경우 우연히 또는 잘못된 펄핑이나 탈곡에서 생기기도 한다. **맛의 영향** : 발효맛, 케케묵은 맛, 석탄맛, 떫은 맛 **외관적인 조건** : 건조된 체리 열매이며, 마른 과육이 붙은 커피콩이다.

벌레 많이 먹은 결점 두

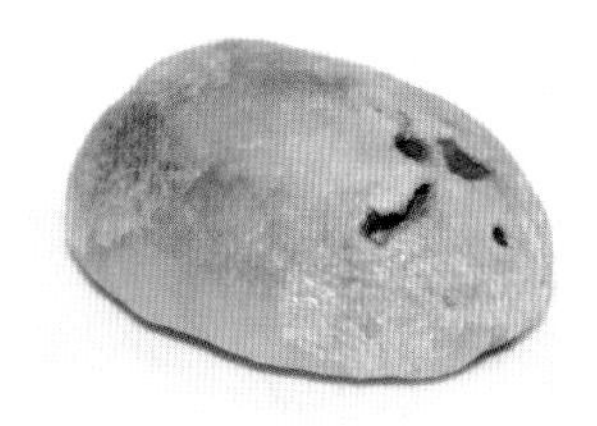

발생 원인 : 열매가 해충의 공격을 받거나, 해충이 파고 들어가 알을 낳은 경우에 생긴다. **맛의 영향** : 맛에 악영향를 끼친다. 더러운 향과 기분 나쁜 신맛, 곰팡이 향 **외관적인 조건** : 벌레가 생두를 많이 먹어서 검은색 구멍이 나타난다. 전체적으로 벌레 구멍이 있는 것, 2개 이상 구멍이 생긴 경우를 말한다.

미성숙한 결점 두

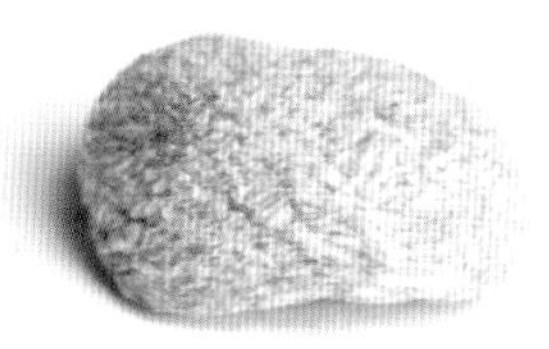

발생 원인 : 익기 전에 수확을 했을 경우이며 보통 주름이 잡혀 있는 모습을 볼 수 있다. **맛의 영향** : 풀맛, 지푸라기 같은 향의 주된 원인이다. **외관적인 조건** : 미성숙한 커피콩이라 하며 성장 발육 불량으로 완전히 성숙되지 못한 상태이다.

곰팡이 피해 입은 결점 두

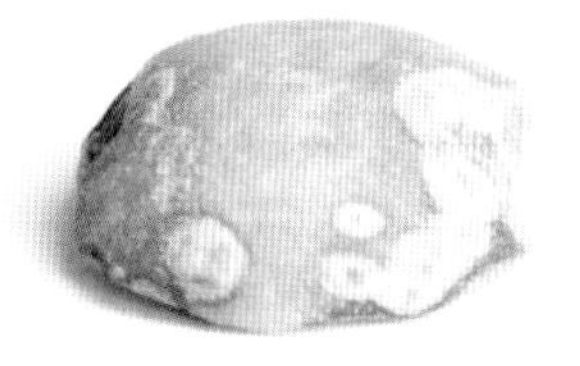
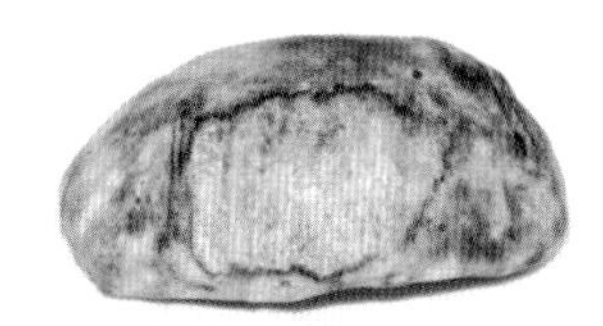

발생 원인 : 저장 수송 중 온도, 습도 조절에 실패해서 나타나는 경우이다. **맛의 영향** : 냄새와 맛의 악영향이 강하다. 곰팡이맛, 케케한 맛, 흙맛, 석탄맛, 고무맛 **외관적인 조건** : 황적색 곰팡이가 핀 상태이다.

부분적으로 벌레 먹은 결점 두

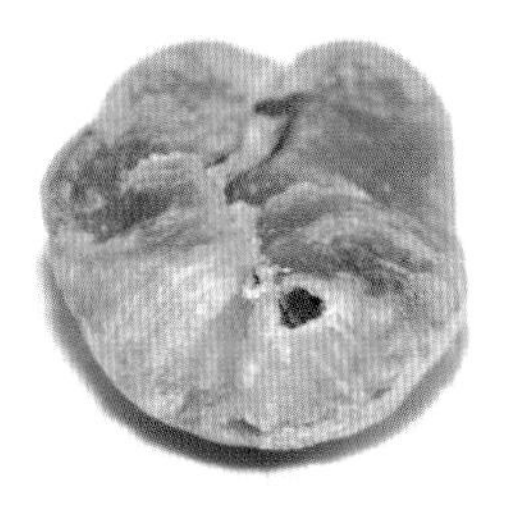  

발생 원인 : 열매가 해충의 공격을 받거나 해충이 파고 들어가 알을 낳은 경우에 생긴다. **맛의 영향** : 맛에 악영향을 끼친다. 더러운 향과 기분 나쁜 신맛, 곰팡이 향 **외관적인 조건** : 벌레가 생두를 많이 먹어서 검은색 구멍이 나타난다. 벌레에 의한 구멍으로, 1~2개까지의 구멍이 생긴 경우이다.

껍질을 포함하고 있는 결점 두

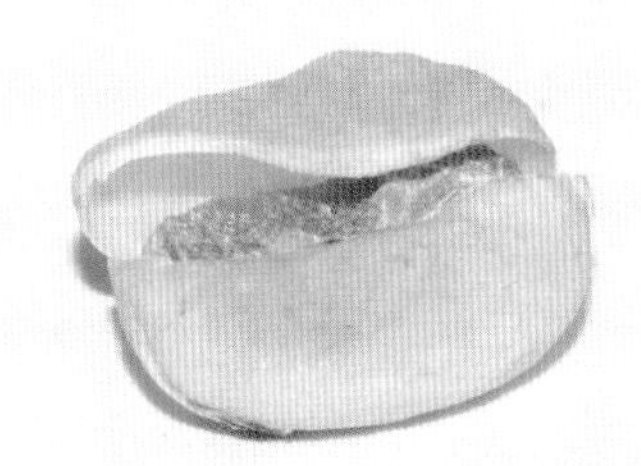 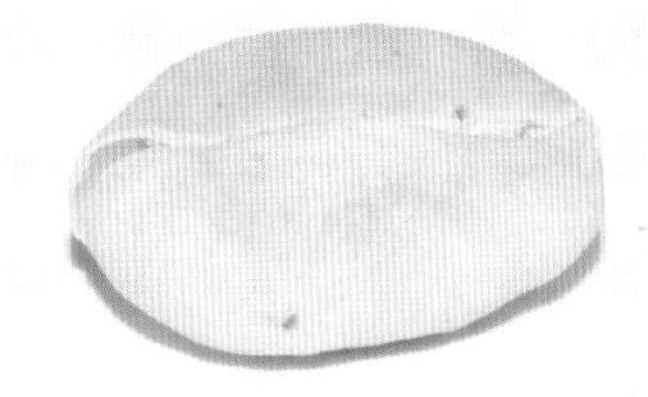 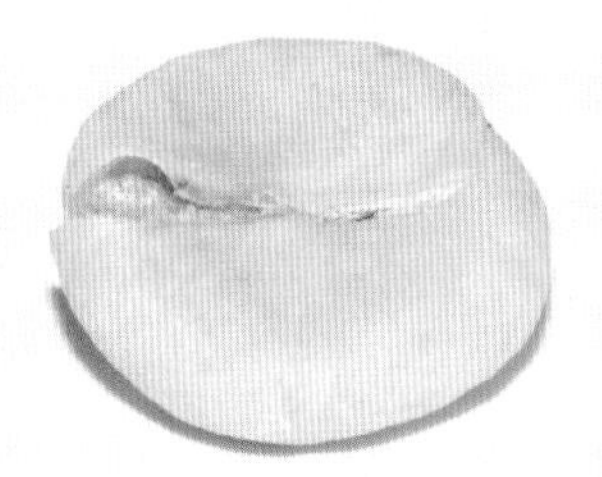

발생 원인 : 수세 건조 방식에서는 그 원인이 내부 껍질 분리의 실패이며, 건식에서는 건조 후 껍질을 벗기는 과정에서 남아 있는 형태이다. **맛의 영향** : 로스팅 과정에서 분리, 배출되어서 품질에는 커다란 영향이 없다. **외관적인 조건** : 커피콩이 완전히, 혹은 부분적으로 내부 껍질(파치먼트)이 붙여 있는 상태이다.

부분적으로 붉은 결점 두

 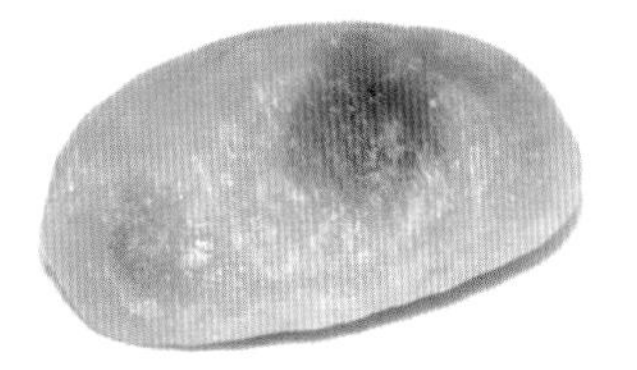 

발생 원인 : 수확 후 체리 상태에서 껍질을 제거하는 시간이 너무 길거나 또는 너무 높은 습도하에서 저장하면 생기기도 하며, 너무 익은 열매의 발효가 천천히 진행되는 경우에도 생긴다. **맛의 영향** : 신맛, 발효맛, 담배맛, 발효 정도에 따라 다르다. **외관적인 조건** : 생두의 50% 이하가 옐로우-브라운으로 변한 생두이다. 부분적으로 적갈색을 나타내기도 한다.

부분적으로 검은 결점 두

발생 원인 : 너무 많이 성숙한 체리를 수확하거나 바닥에 떨어진 너무 익은 체리를 수확한 경우에 발생된다. **맛의 영향** : 커피 맛에 해로운 영향을 끼치며 맛에 대한 결점이 심하다. 발효맛, 담배맛, 곰팡이맛, 신맛, 석탄맛 **외관적인 조건** : 부분적으로 검은 결점두로 50% 이하 검거나 매우 어두운 색을 나타낸다.

가벼운 (물에 뜨는) 결점 두

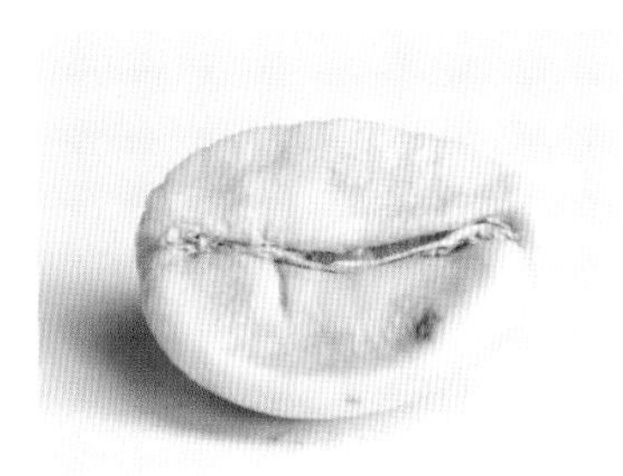

발생 원인 : 저장과 수송 중 박테리아 또는 수확한 지 오래된 생두, 부적당한 보관과 건조 문제 때문에 생긴다. **맛의 영향** : 커피의 향을 희석시킨다. 발효맛, 담배맛, 풀맛, 곰팡이맛, 기타 잡향 **외관적인 조건** : 미성숙하여 콩의 밀도가 가벼운 커피콩이다. 그렇기 때문에 물에 띄우면 뜬다.

커피 및 체리 껍질

발생 원인 : 수확 후 건조 처리 과정에서 제대로 펄핑이 되지 않아 체리 상태로 남아 있어 발생한다. **맛의 영향** : 눅눅한 향, 곰팡이 냄새 **외관적인 조건** : 체리의 마른 껍질과 과육 조각 형태이다.

주름진 결점 두

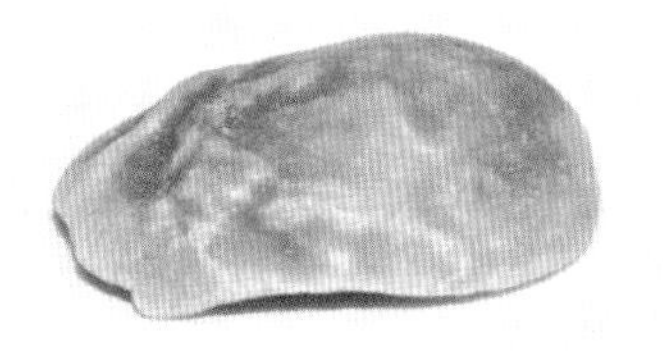
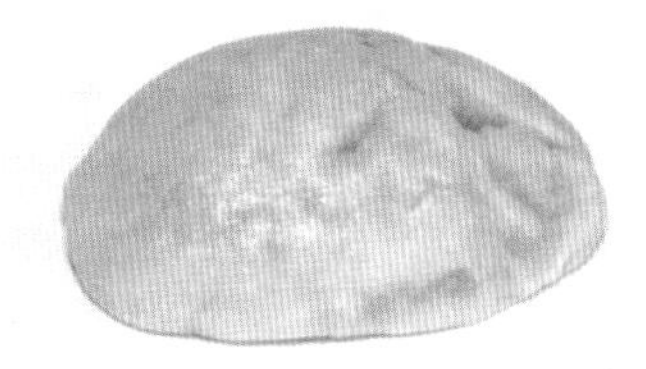
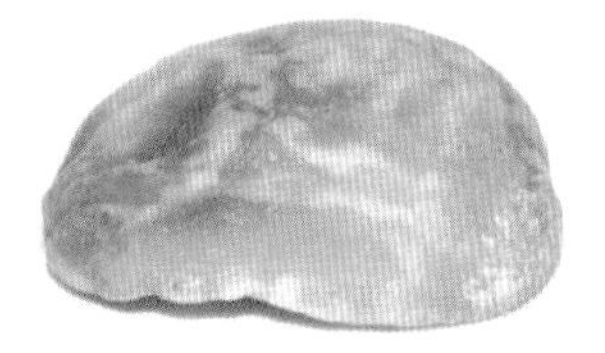

발생 원인 : 외부의 스트레스를 받은 나무나 가뭄으로 열매 성장 발육이 덜 된 경우에 생긴다. **맛의 영향** : 탄맛 또는 풀 태운 향을 유발한다. **외관적인 조건** : 무게가 가볍고 주름이 있는 커피콩이다.

조개 껍질 모양으로 분리되는 결점 두

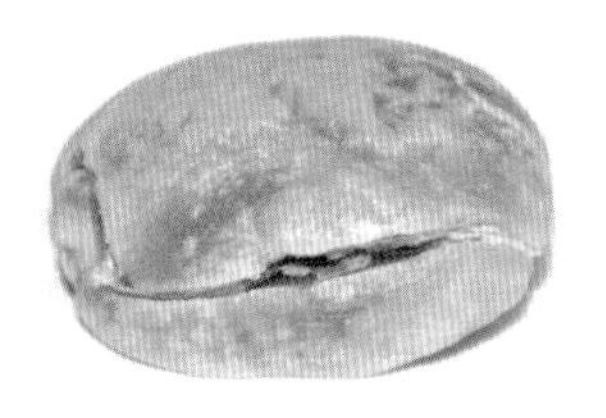

발생 원인 : 껍질 벗기는 작업 중 유전적인 변이로 성숙하지 못한 콩이다. **맛의 영향** : 탄맛 또는 태운 향을 유발한다. **외관적인 조건** : 결점이 있으며 조개 모양으로 깨지거나 붙어 있는 상태이다.

부서진 결점 두

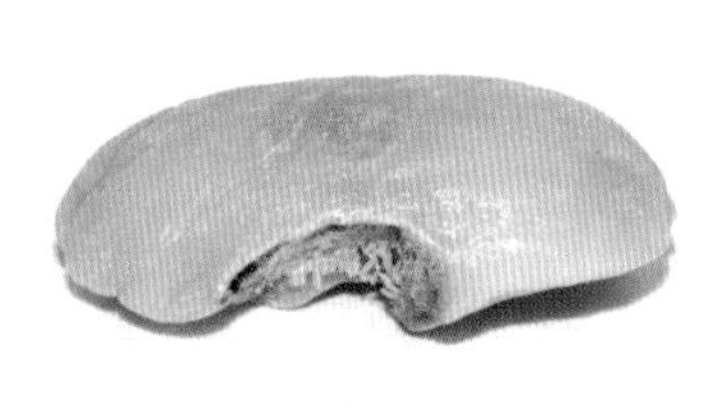
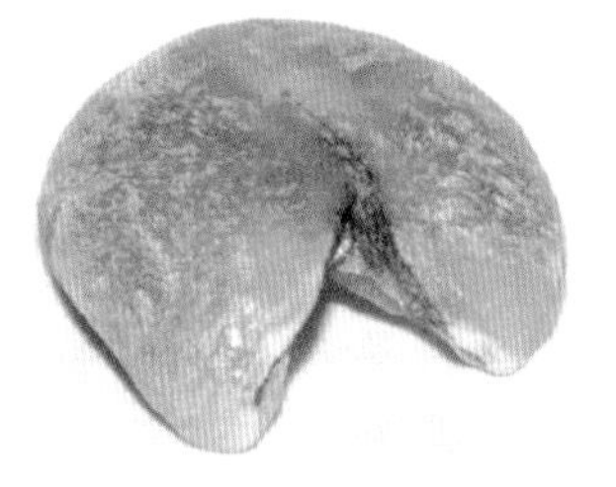
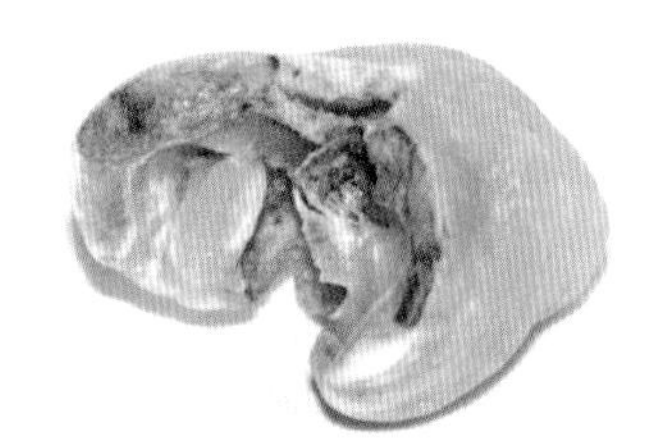

발생 원인 : 과육 제거나 펄핑 시 또는 생두의 건조 도중에 깨어진 상태를 말한다. **맛의 영향** : 흙맛, 신맛, 발효맛 **외관적인 조건** : 생두의 가공 때 부서져서 발생하기도 한다. 로스팅에서 로스터기 내부의 기계적인 과도한 마찰력으로 생기기도 한다.

커피 라떼아트 테크닉

2012년 1월 15일 1판 1쇄
2014년 3월 15일 1판 3쇄
2021년 5월 15일 2판 3쇄
2025년 1월 15일 3판 1쇄

저 자 : 박지만 · 김자경
펴낸이 : 남상호

펴낸곳 : 도서출판 **예신**
www.yesin.co.kr

04317 서울시 용산구 효창원로 64길 6
대표전화 : 704-4233, 팩스 : 335-1986
이메일 : webmaster@iljinsa.com
등록번호 : 제3-01365호(2002.4.18)

값 18,000원

ISBN : 978-89-5649-182-0

L·a·t·t·e A·r·t